BIM技术应用系列教材

Revit建模零基础
快速入门简易教程
第2版

主　编　范国辉　骆　刚　李　杰
副主编　赵冬梅　张占伟　计　伟　韩建林
参　编　李　祯　郭　晶　计新伟　李　刚
　　　　翁天龙　张骁骅　张　露　张旭辉

机械工业出版社

本书是一本以实际项目为例、以应用为目标的系统化、标准化建模的案例式Revit软件教程，涵盖95%以上的土建操作命令，旨在让初学者快速掌握模型搭建技巧，帮助初学者快速入门。

本书包含3个单元的内容，单元1为BIM概论，讲述的是BIM的理论、概念，旨在让读者对BIM有正确的了解和认知。单元2为基于Revit平台的构建基本原理，讲述的是Autodesk Revit软件的基本原理及每个命令使用的方法、方式，旨在让读者了解软件的特性及包含的内容。单元3为建筑模型案例，主要以实际项目为例，模拟项目实施的过程，并有针对性地进行模型搭建，通过对应的操作命令来完成模型的搭建工作，实现理论与实践的结合。

本书配套图纸、教学视频，读者可登录机工教育服务网www.cmpedu.com注册下载。咨询电话：010-88379375。

本书可作为职业教育建筑类及相关专业教学用书，也可作为BIM从业人员的初学读本。

图书在版编目（CIP）数据

Revit建模零基础快速入门简易教程 / 范国辉，骆刚，李杰主编. -- 2 版. -- 北京：机械工业出版社，2024.6. -- (BIM技术应用系列教材). -- ISBN 978-7-111-76160-0

I. TU201.4

中国国家版本馆 CIP 数据核字第 20242E8H55 号

机械工业出版社（北京市百万庄大街22号　邮政编码100037）
策划编辑：常金锋　　　　　　　责任编辑：常金锋　陈将浪
责任校对：贾海霞　梁　静　　　封面设计：马精明
责任印制：常天培
固安县铭成印刷有限公司印刷
2024年8月第2版第1次印刷
184mm×260mm・14印张・335千字
标准书号：ISBN 978-7-111-76160-0
定价：45.00 元

前　言

党的二十大报告指出要"积极稳妥推进碳达峰碳中和"，而建筑行业的低碳转型离不开建筑信息模型（BIM）技术的应用。建筑行业低碳转型的方向之一是数字化转型升级，这个过程中机遇与挑战并存，理念的革新、技术的更替已成为这一时期不可或缺的思考。在这场涉及全行业人员的技术变革中，BIM 以其全新的视角与显著的优势成为这一时期从量变到质变的标志之一。其内涵与外延早已超出技术本身的范畴，延伸至建筑工程行业全流程数据化管理的各方面。

近几年，随着 BIM 行业的不断发展，越来越多的教程案例涌现出来，以满足从业者的需求。但是在众多的教程案例中，缺少实战式的教程案例，这对想要实现快速入门的初学者来说，可选择的较少。为满足广大 BIM 爱好者的需求，编者联合企业、院校，以实际案例为载体编写了本书，以此来满足初学者快速掌握基础建模的需求。

本书由范国辉、骆刚、李杰任主编，赵冬梅、张占伟、计伟、韩建林任副主编，其他参与编写的人员还有李祯、郭晶、计新伟、李刚、翁天龙、张骁骅、张露、张旭辉。其中，范国辉负责编写单元 1、单元 2 的 2.1 节 ~2.3 节，骆刚、李杰负责编写单元 2 的 2.4 节 ~2.8 节，赵冬梅、张占伟负责编写单元 2 的 2.9 节 ~2.11 节，计伟、韩建林负责编写单元 3 的 3.1 节 ~3.4 节，李祯负责编写单元 3 的 3.5 节 ~3.16 节，郭晶、计新伟、李刚负责编写单元 3 的 3.17 节 ~3.19 节，翁天龙、张骁骅、张露、张旭辉负责编写单元 3 的 3.20 节 ~3.25 节。范国辉、计伟负责全书的统稿工作。在此特别鸣谢河南工业职业技术学院、河南建筑职业技术学院、济源职业技术学院、漯河职业技术学院、河南应用技术职业学院、黄河水利职业技术学院、河南博纳建筑设计有限公司、北京森磊源建筑规划设计有限公司、河南天工建设集团有限公司、河南七建工程集团有限公司、智博国际工程咨询有限公司、中国建筑第七工程局有限公司等单位的大力支持。

限于编者水平，书中难免有不妥之处，望读者批评指正。

编　者

二维码资源索引

（续）

名称	二维码	页码	名称	二维码	页码
场地地形与道路创建		97	散水的创建		196
创建建筑地坪与放置场地构件		99	创建图纸		207
项目创建与保存		100	尺寸标注		211

目 录

单元 1 BIM 概论

1.1 BIM 的概述及特点

1.1.1 BIM 概述

建筑信息模型（Building Information Modeling，简写为 BIM）是以建筑工程项目的各项相关信息数据作为基础，建立起三维的建筑模型，通过数字信息仿真模拟建筑物所具有的真实信息：三维几何形状信息；非几何形状信息，如建筑构件的材料、算量、价格、进度和施工等，为设计师、建筑师、水电工程师、开发商乃至最终用户等各环节人员提供"模拟和分析"。它具有可视化、协调性、模拟性、优化性、可出图性、一体化、参数化和信息化八大特点，从 BIM 设计过程的资源、行为、交付三个基本维度，给出设计企业、施工企业的实施标准的具体方法和实践内容。

BIM 不是简单地将数字信息进行集成，而是一种数字信息的应用，是可以用于设计、建造、管理的一种数字化方法。这种方法支持建筑工程的集成管理环境，可以显著提高建筑工程的全进程效率，显著减少风险，在建筑行业的低碳转型过程中发挥着巨大作用。

1.1.2 BIM 的特点

BIM 符合以下八个特点：

1. 可视化

可视化即"所见即所得"，对于建筑行业来说，可视化的作用是非常大的，例如常见的纸质施工图，只是各个构件的信息在图纸上以线条的形式表达，而其真正的构造形式需要工程人员自行想象。BIM 提供了可视化的思路，将以往的线条式的构件转变成一种三维的立体实物图形展示在人们的面前；以往，建筑行业也会出效果图，但是这种效果图是分包给专业的效果图制作团队将线条式信息以识读设计的形式制作的，并不是通过构件的信息自动生成的，缺少了同构件之间的互动性和反馈性。而 BIM 的可视化是一种能够使同构件之间形成互动性和反馈性的可视，在 BIM 中，由于整个过程都是可视化的，所以可视化的结果不仅可以用来展示效果图及生成报表，更重要的是，项目设计、建造、运营过程中的沟通、讨论、决策都在可视化的状态下进行。

2. 协调性

协调是建筑行业中的重点工作，不管是施工单位还是业主及设计单位，无不在做着协调及配合的工作。一旦项目的实施过程中遇到了问题，就要将各有关人员组织起来开协调会，找出问题发生的原因并提出解决办法，然后采取相应的补救措施解决问题。在设计时，往往由于各专业设计师之间的沟通不到位，而出现各种专业之间的碰撞问题，例如暖通等专业中的管道在进行布置时，由于施工图是各自绘制在各自的施工图上的，在施工过程中，可能在布置管线时正好在此处有结构设计的梁等构件妨碍着管线的布置，这就是施工中常遇到的碰撞问题，BIM 的协调性服务就可以帮助处理这种问题，也就是说 BIM 可在建筑物建造前期对各专业的碰撞问题进行协调，生成协调数据。当然，BIM 的协调作用并不是只能解决各专业间的碰撞问题，它还可以解决电梯井布置与其他设计布置的协调问题、防火分区与其他设计布置的协调问题、地下排水布置与其他设计布置的协调问题等。

3. 模拟性

BIM 的模拟性并不是只能模拟建筑物模型，还可以模拟不能在真实世界中进行操作的事物。在设计阶段，BIM 可以对设计上需要进行模拟的一些内容进行模拟试验，例如节能模拟、紧急疏散模拟、日照模拟等；在招（投）标和施工阶段可以进行 4D 模拟（三维模型加项目的发展时间），也就是根据施工的组织设计模拟实际施工，从而确定合理的施工方案以指导施工；可以进行 5D 模拟（基于 3D 模型的造价控制），从而实现成本控制；后期运营阶段可以模拟日常紧急情况的处理方式，例如地震人员逃生模拟及消防人员疏散模拟等。

4. 优化性

整个设计、施工、运营的过程就是一个不断优化的过程，当然优化和 BIM 也不存在实质性的必然联系，但在 BIM 的基础上可以做更好的优化。优化受三样东西的制约：信息、复杂程度和时间。没有准确的信息就做不出合理的优化结果，BIM 提供了建筑物的实际存在的信息，包括几何信息、物理信息、规则信息，还提供了建筑物变化以后的实际存在的状态。基于 BIM 的优化性可以做下面的工作：

（1）项目方案优化：把项目设计和投资回报分析结合起来，使得设计变化对投资回报的影响可以实时计算出来。这样，业主对设计方案的选择就不会停留在对形状的评价上，而是使业主知道哪种项目设计方案更符合自身的需求。

（2）特殊项目的设计优化：例如裙楼、幕墙、屋顶等处有不少的异型设计，这些内容看起来占整个建筑的比例不大，但是占投资和施工工作量的比例却不小，而且通常也是施工难度比较大和施工问题比较多的地方，对这些地方的施工方案进行优化，可以显著缩短工期和降低造价。

5. 可出图性

BIM 并不是用于输出常见的建筑设计图，以及一些构件加工用的图纸；而是通过对建筑物进行了可视化展示、协调、模拟、优化以后，给业主输出如下图纸和成果：

（1）综合管线图（经过碰撞检查和设计修改，消除了相应错误以后）。

（2）综合结构留洞图（预埋套管图）。

（3）碰撞检查报告和建议改进方案。

6. 一体化

BIM 可进行贯穿工程项目全生命周期的一体化管理。BIM 的技术核心是一个由计算机三维模型所形成的数据库，不仅包含了建筑的设计信息，而且容纳了建筑从设计到建成使用，直到使用周期终末的全过程信息。

7. 参数化

参数化指的是通过参数而不是数字建立和分析模型，通过简单地改变模型中的参数值就能建立和分析新的模型。BIM 中的图元以构件的形式出现，这些构件之间的不同，是通过参数的调整反映出来的，参数保存了图元作为数字化建筑构件的所有信息。

8. 信息化

信息化体现在 BIM 可对工程对象进行 3D 几何信息和拓扑关系的描述以及完整的工程信息描述。

1.2　BIM 的应用

BIM 发展至今，其在项目中的应用渗透到了项目的各个阶段，从项目的阶段性分析来看，具体的应用有：

项目概念阶段：项目选址模拟分析、可视化展示等。

勘察测绘阶段：地形测绘与可视化模拟、地质参数化分析与方案设计等。

项目设计阶段：参数化设计、日照能耗分析、交通线规划、管线优化、结构分析、风向分析、环境分析等。

招标投标阶段：造价分析、绿色节能分析、方案展示、漫游模拟等。

施工建设阶段：施工模拟、方案优化、施工安全、进度控制、实时反馈、工程自动化、供应链管理、场地布局规划、建筑垃圾处理等。

项目运营阶段：智能建筑设施、大数据分析、物流管理、智慧城市、云平台存储等。

项目维护阶段：3 维点云、维修检测、清理修整、火灾逃生模拟等。

项目更新阶段：方案优化、结构分析、成品展示等。

项目拆除阶段：爆破模拟、废弃物处理、环境绿化、废弃运输处理等。

另外，从工程的质量、进度、投资三个方面来说，BIM 主要应用在以下几个方面：

1. 建设工程质量管理

（1）BIM 是建筑设计人员提高设计质量的有效手段。目前，建筑设计专业分工比较细致，一个建筑物的设计需要由建筑、结构、安装等各个专业的工程师协同完成。由于各个工程师对建筑物的理解有偏差，专业设计图之间"打架"的现象很难避免。将 BIM 应用到建筑设计中，计算机承担起各专业设计间的"协调综合"工作，设计工作中的错漏碰缺问题可以得到有效解决。

（2）BIM 是业主理解工程质量的有效手段。业主是高质量工程的最大受益者，也是工程质量的主要决策人。但是，受专业知识局限，业主同设计人员、监理人员、承包商之间的交流存在一定困难。当业主对工程质量要求不明确时，会造成工程变更多，质量难以有效控制。BIM 为业主提供形象的三维设计，业主可以明确地表达自己对工程质量的要求，如对建筑物的色泽、材料、设备的要求等，有利于各方开展质量控制工作。

（3）BIM 是项目管理人员控制工程质量的有效手段。由于 BIM 输出的图纸是数字化的，计算机可以在检索、判别、数据整理等方面发挥优势。无论是监理工程师还是承包商的项目管理人员，再也不用拿着厚厚的图纸反复核对，只需要通过一些简单的功能就可以快速地、准确地得到建筑物构件的特征信息，如钢筋的布置、设备预留孔洞的位置、构件尺寸等，在现场及时下达指令。而且，将建筑物从平面变为立体，是一个资源耗费的过程。利用 BIM 和施工方案进行虚拟环境数据集成，对建设项目的可建设性进行仿真试验，可在事前发现质量问题。

2. 建设工程进度管理

有时，人们将基于 BIM 的设计称为 4D 设计，增加的一维信息就是进度信息。BIM 在工程进度管理上有三方面应用：

（1）可视化的工程进度安排。建设工程进度控制的核心技术，是网络计划技术。目前，该技术在我国应用的效果并不理想，究其原因，可能与平面网络计划不够直观有关。在这一方面 BIM 有优势，通过与网络计划技术的集成，BIM 可以按月、周、天直观地显示工程进度计划。一方面便于工程管理人员进行不同施工方案的比较，选择符合进度要求的施工方案；另一方面也便于工程管理人员发现工程计划进度和实际进度的偏差，及时进行调整。

（2）对工程建设过程的模拟。工程建设是一个多工序搭接、多单位参与的过程。工程进度计划，是由各个子计划搭接而成的。传统的进度控制技术中，各子计划间的逻辑顺序需要人来确定，这难免会出现错误，造成进度拖延。而通过 BIM 技术，用计算机模拟工程建设过程，项目管理人员能直观地发现在二维网络计划技术中难以发现的工序间的错误，从而优化进度计划。

（3）对工程材料和设备供应过程的优化。当前，项目建设过程越来越复杂，参与单位越来越多，如何安排设备、材料供应计划，在保证工程建设进度需要的前提下，节约运输和仓储成本，是"精益建设"的重要问题。BIM 为精益建设思想提供了技术手段，通过计算机的资源计算、资源优化和信息共享功能，可以达到节约采购成本，提高供应效率和保证工程进度的目的。

3. 建设工程投资（成本）管理

BIM 比较成熟的应用领域是投资（成本）管理，也被称为 5D 技术。其实，在 CAD 平台上，我国的一些建设管理软件公司，已经对这一技术进行了深入的研发。在 BIM 平台上，这一技术已得到了很大的发展。

（1）BIM 使工程量计算变得更加容易。在用 CAD 绘制的设计图中，用计算机自动统计和计算工程量时必须履行这样一个程序：由预算人员告诉计算机存储的线条的属性，如梁、板或柱，这种"三维算量技术"是半自动化的。在 BIM 平台上，设计图的元素不再是线条，而是带有属性的构件。

（2）BIM 使投资（成本）控制更易于落实。对业主而言，投资控制的重点在设计阶段。运用 BIM，业主可以便捷地、准确地得到不同建设方案的投资估算或概算，比较不同方案的技术经济指标。而且，由于项目投资估算、概算比较准确，业主可以降低不可预见费，提高资金使用效率。同样，由于 BIM 可以准确、快捷地计算出建设工程量数据，承包商依此进行材料采购和人力资源安排，也可节约成本。

（3）BIM 有利于加快工程结算进程。一方面，BIM 有助于提高设计图质量，减少施工阶段的工程变更；另一方面，如果业主和承包商达成协议，基于同一 BIM 进行工程结算，结算数据的争议会大幅度减少。

1.3 BIM 在建筑全生命周期的应用

　　BIM 不仅改变了建筑设计的手段和方法，而且通过在建筑全生命周期中的应用，为建筑行业提供了一个全新的平台，显著改变了建筑行业的协作方式。BIM 的应用按照建设项目从规划、设计、施工到运营的发展阶段按时间组织，有些应用跨越一个到多个阶段，有些应用则局限在某一个阶段内。大量的项目实践表明，BIM 大大促进了建筑工程全生命周期的信息共享，建筑企业之间多年存在的信息隔阂被逐渐打破，这大大提高了业主对整个建筑工程项目全生命周期的管理能力，提高了所有利益相关者的工作效率。

1.3.1　BIM 在设计阶段的应用

1. BIM 在设计阶段的应用价值

　　在建筑项目设计中实施 BIM 的最终目的是要提高项目设计质量和效率，从而减少后续施工期间的洽商和返工，保障施工周期，节约项目资金。

　　（1）概念设计阶段：在前期概念设计中使用 BIM，在高质量表现设计创意的同时，还可以进行各种面积分析、体形系数分析、商业地产收益分析、可视度分析、日照轨迹分析等。

　　（2）方案设计阶段：此阶段使用 BIM，特别是对复杂造型设计项目，将起到重要的设计优化、方案对比（例如曲面有理化设计）和方案可行性分析等作用。同时，建筑性能分析、能耗分析、采光分析、日照分析、疏散分析等都将对建筑设计起到重要的设计优化作用。

　　（3）施工图设计阶段：对复杂造型设计等用二维设计手段无法表达的项目，使用 BIM能较好地表达清楚设计意图。当然，在目前 BIM 人才紧缺，施工图设计任务重、时间紧的情况下，不妨采用 BIM+AutoCAD 的模式，前提是基于 BIM 成果用 AutoCAD 进行深化设计，以尽可能保证设计质量。

　　（4）专业管线综合：对大型工厂、机场与地铁等交通枢纽、医疗、体育、剧院等的复杂专业管线设计，BIM 能高效解决错综复杂的管线碰撞问题。

　　（5）可视化设计：效果图、动画、实时漫游、虚拟现实等项目展示手段也是 BIM 应用的一部分。

2. 项目类型和介入点

　　（1）住宅、常规商业建筑项目。项目特点：造型规则，有以往成熟的项目设计图等资源可以参考利用；使用常规三维 BIM 设计工具即可完成。此类项目是组建和锻炼 BIM 团队或在设计师中推广应用 BIM 的常见选择。从建筑专业开头，从扩初设计或施工图阶段介入，先掌握最基本的 BIM 设计工具的设计功能、施工图设计流程等，再由易到难逐步向复杂项目、多专业、多阶段及设计全程拓展。

　　（2）体育场、剧院、文艺中心等复杂造型建筑项目。项目特点：造型复杂或非常复杂，没有设计图等资源可以参考利用，传统 CAD 二维设计工具生成的平面图、立面图、剖面图等无法表达其设计创意，Rhino、3ds Max 等模型不够智能化，只能一次性表达设计创意，当方案变更时，后续的设计变更工作量很大，甚至已有的模型及设计内容要重新设计，效率不高；专业间管线综合设计是其设计难点。此类项目可以充分发挥、体现 BIM 设计的价值。为提高设计效率，建议从概念设计或方案设计阶段介入，使用可编写程序脚本的高级三维 BIM 设计工具或基于 Revit 等 BIM 设计工具编写程序、定制工具插件等完成异型设计和设计优化，再在 Revit 系列中进行管线综合设计。

（3）工厂、医疗等建筑项目。项目特点：造型较规则，但专业机电设备和管线系统复杂；管线综合是其设计难点。可以在施工图设计阶段介入，特别是对于总承包项目，可以充分体现 BIM 设计的价值。不同的项目设计师和业主关注的内容不同，决定了在项目中实施 BIM 的内容（异型设计、施工图设计、管线综合设计、性能分析等）。

3. BIM 中的协同设计与协同作业

（1）协同设计。协同设计又细分为 2D 协同设计与 3D 协同设计，这是设计软件本身具备的协同功能。

1）2D 协同设计。2D 协同设计是以 AutoCAD 外部参照功能为基础的 dwg 文件之间的文件级协同，是一种文件定期更新的阶段性协同设计模式。例如，将一个建筑设计的轴网、标高、外立面墙与门窗布局、内墙与门窗布局、核心筒、楼梯与坡道、卫浴家具构件等拆分为多个 dwg 文件，由几位设计师分别设计，设计过程中根据需要通过外部参照的方式将其链接组装为多个建筑平（立）面图，这时如果轴网文件发生变更，所有参照该文件的图纸都可以自动更新。

2）3D 协同设计。3D 协同设计在专业内和专业间的模式不同。

① 专业内 3D 协同设计是一种数据级的实时协同设计模式，即工作组成员在本地计算机上对同一个 3D 工程信息模型进行设计，每个人的设计内容都可以及时同步到文件服务器上的项目中心文件中，甚至成员间还可以互相借用属于对方的某些建筑图元进行交叉设计，从而实现成员间的实时数据共享。

② 专业间 3D 协同设计是指当每个专业都有了 3D 工程信息模型文件时，即可通过外部链接的方式，在专业模型（或系统）间进行管线综合设计。这个工作可以在设计过程中的每个关键时间点进行，因此专业间 3D 协同设计和 2D 协同设计均是文件级的阶段性协同设计模式。

除上述两种模式外，不同 BIM 设计软件间的数据交互也属于协同设计的范畴。例如在 Revit 系列、AutoCAD、Navisworks、3ds Max、SketchUp、Rhino 等工具间的数据交互，都可以通过专用的导入 / 导出工具、dwg/dxf/fbx/sat/ifc 等中间数据格式进行交互。

（2）协同作业。BIM 协同作业是指不同专业的设计人员为了某一共同的设计目标，以信息化管理平台为依托进行设计工作以及信息共享的综合协调，以达到高效、高质量完成设计工作的目的。

1.3.2　BIM 在施工阶段的应用

在项目施工阶段建立以 BIM 应用为载体的项目管理信息化，可以提升项目生产效率、提高建筑质量、缩短工期、降低建造成本。具体体现在：

（1）直观的视觉效果，充分展示企业实力。三维渲染动画，给人以真实感和直接的视觉冲击，主要应用于施工组织设计及施工方案的展示，在招（投）标过程中能够充分展示施工企业的能力，也能够将施工组织设计的精髓体现得淋漓尽致。

（2）提升算量效率，提高工程量计算精度。BIM 可以准确、快速地计算工程量，提升施工预算的精度与效率。

（3）精确计划，实时控制。BIM 的出现可以让管理者快速、准确地获得工程基础数据，为施工企业制订精确的人、财、物计划提供有效支撑，为实现限额领料、消耗控制提供技术支撑。

（4）实时对比，动态管控。项目管理的基础是工程基础数据的管理，及时、准确地获取相关工程数据是项目管理的核心竞争力。BIM 可以实现任一时点上工程基础信息的快速获取，可以用模型形象地反映出工程实体的实况，精确统计出各步工作的实际数据。通过计划与实际的对比，可以有效了解项目的盈亏、施工是否偏离目标等，实现对项目成本风险的有效管控。

（5）实现虚拟施工，便于多方协同。虚拟模型可将时间与三维可视化功能相关联，可以进行虚拟施工。通过 BIM 结合施工方案、虚拟施工和现场视频监测，可大大减少建筑质量问题、安全问题，减少返工和整改。

虚拟施工还可以实现可视化的设计交底。设计人员可以通过模型向施工方进行可视化设计交底，能够让施工方清楚了解设计意图，了解设计中的每一个细节。交底过程中施工方也可以从施工的角度提出意见和建议，并实时更改、优化设计方案。

（6）解决传统碰撞检查难题，减少返工。施工过程中相关各方有时需要付出巨大的代价来处理设备管线的碰撞问题。传统的二维图设计中，由于采用二维设计图来进行会审，人为的失误在所难免，会使施工出现返工现象，造成建设投资的浪费，并且还会影响施工进度。利用 BIM 的三维技术在前期可以进行碰撞检查，优化工程设计，减少在建筑施工阶段出问题的概率，而且还能优化净空，优化管线排布方案。施工人员还可以利用碰撞优化后的三维管线方案进行施工交底、施工模拟，提高施工质量，同时也提高了与业主沟通的能力。

（7）实体建筑施工阶段的 BIM 应用。

1）实现钢结构的预拼装。

2）实现构件工厂化生产，可以基于 BIM 设计模型对构件进行分解，在工厂加工好后运到现场进行组装，施工精准度高，失误率低。

3）整合各方数据，自动分析，为技术人员提供参考。

4）随着施工技术的发展，各种新技术、新材料、新工艺层出不穷，导致各类规范、图集频繁更新，整合了相关数据的 BIM 体系，能够精确指出项目所需的技术资料，便于技术人员有目的地学习，提高了学习效率。

5）实时数据共享平台提高了工程数据的透明性，既提升了办公效率，也避免了后期人为干预造成的数据错误。

6）BIM 管理系统集成了对文档的搜索、查阅、定位功能，并且所有操作体现在基于四维 BIM 可视化模型的界面中，提高了数据检索的直观性，提高了工程相关资料的利用率。当施工结束后，自动形成的完整的信息数据库，可帮助工程运营管理人员快速查询、定位。

1.3.3 BIM 在造价管理中的应用

1. BIM 在造价管理中的应用价值

就提升工程造价水平，提高工程造价效率，实现工程造价乃至整个工程生命周期信息化的过程而言，BIM 具有很大的优势。

（1）BIM 数据库的时效性。BIM 的技术核心是一个由计算机生成的三维模型数据库，这些数据库信息在建筑全寿命过程中是动态变化的，随着工程施工及市场变化，相关责任人员会调整 BIM 数据，所有参与者均可共享更新后的数据，大大提高了造价人员所依赖的造价基础数据的准确性，从而提高了工程造价的管理水平，避免了传统造价模式与市场脱节、二次调价等问题。

（2）BIM 的资源计划功能。利用 BIM 提供的数据库，有利于项目管理者合理安排资金计划、进度计划等资源计划，由此快速制订项目的进度计划、资金计划等资源计划，合理调配资源，并及时准确掌控工程成本，高效地进行成本分析及进度分析，提高了项目的管理水平。

（3）BIM 造价数据的积累与共享。在现阶段，造价机构与施工单位完成项目的估价及竣工结算后，相关数据基本以纸质载体或 Excel、Word、PDF 等载体保存，要么存放在档案柜中，要么放在硬盘里，孤立存在。有了 BIM 技术，可以让工程数据形成带有 BIM 参数的在线电子资料，存储便捷，同时可以准确地调用、分析，利于数据共享和借鉴经验。BIM 这种统一的项目信息存储平台，实现了经验、信息的积累、共享及管理的高效率。

（4）项目的 BIM 模拟决策。BIM 数据模型的建立，结合可视化技术、模拟建设等BIM 软件功能，为项目的模拟决策提供了基础。目前，施工管理中的限额领料流程、手续等制度虽然健全，但是效果并不理想，原因就在于在配发材料时，由于时间有限及参考数据查询困难，审核人员无法判断报送的领料单上的每项工作消耗的数量是否合理，只能凭主观经验和少量数据大概估计。随着 BIM 的不断成熟，审核人员可以调用 BIM 中同类项目的大量的详细的历史数据，利用 BIM 的多维模拟施工计算，快速、准确地拆分、汇总并输出任一细部工作的消耗量标准，保证了限额领料制度的有效实施。

（5）BIM 不同维度的多算对比。造价管理中的多算对比对于及时发现问题并纠偏，降低工程费用至关重要。多算对比通常从时间、工序、空间三个维度进行分析对比，要求不仅能分析一个时间段的费用，还要能够将项目实际发生的成本拆分到每个工序中；又因项目经常按施工段、按区域施工或分包，这又要求能按空间区域统计、分析相关成本要素。要实现快速、精准地多维度多算对比，可基于 BIM 处理中心，使用 BIM 相关软件来实现。另外，可以对 BIM-3D 模型各构件进行统一编码并赋予工序、时间、空间等信息，在数据库的支持下，以较少的时间实现 4D、5D 任意条件下的统计、拆分和分析，保证了多维度成本分析的高效性和精准性。

2. BIM 在造价管理中的发展趋势

BIM 在造价管理中的发展目标不仅仅是个人的高效率工具，而且是企业进行成本管理的现代化手段。以 BIM 作为基础，可以将各造价人员所掌握的造价信息汇集到 BIM 数据库，通过 BIM 多维计算处理，对这些数据进行统计、分析，最后在企业内部作为一个数据平台进行共享，大大提高了各部门的工作效率；同时，还可以根据不同级别，设定不同的数据查阅权限，不仅能够满足不同岗位、不同部门人员调用信息的需求，还有利于保护核心数据。

1.3.4　BIM 在运维阶段的应用

1. 运维管理的定义

运维管理一般意义上是指运用一组特定的流程与策略，通过对有限资源的利用，实现最大的经营目标并力图持续地维护这种能力的存在。建筑行业的运维管理说得简单点就是物业管理的扩展和延伸，它结合了智能建筑中的智能化、网络化、数字化技术以实现数字化管理，数字化管理是运维管理数字化技术应用的核心内容。利用信息网络技术，提供通过互联网和计算机局域网处理运维信息系统管理中心的各项日程业务的数字化应用，达到提高效率、规范管理、向客户提供优质服务的目的。

2. 运维管理包含的功能

运维管理是对智能建筑物内所有运行设备的档案、运行、维修、保养进行管理，主要包括设备运行管理、设备维修管理、设备保养管理、维修申请 / 工作单管理等方面。软件系统可以实时地获取大楼内各种机电设备的运行状态和参数，以方便设备的维修保养等；同时，提供技术手段为办公楼的特殊要求提供服务。运维管理充分采用智能化、网络化、数字化技术；充分利用网络、计算机、软件、数据库等资源搭建物业经营管理系统，系统可以简化、规范运维管理公司的日常操作，全面管理企业的运行状况，提高企业的管理水平和工作效率，为企业提供决策的信息支持，为企业创造出理想的经济和社会效益，促进物业公司向现代化的企业管理迈进。

3. BIM 在运维管理中的应用

BIM 应用于运维管理实现了内部空间设施的可视化。在 BIM 出现以前，建筑物的运维信息都是存在于二维图纸和各种机电设备的操作手册上的，需要使用的时候由专业人员自己去查找信息、理解信息，然后据此做出决策对建筑物进行一个恰当的动作。BIM 出现以后，利用 BIM 建立一个可视三维模型，所有数据和信息可以从模型里面调用。BIM 在运维管理中的应用可分为多项系统工作，例如：设备运行管理、能源管理、租户管理、安保系统、应急管理等。

单元 2　基于 Revit 平台的构建基本原理

2.1　软件概述

2.1.1　软件的 5 种图元要素

（1）主体图元：包括墙、楼板、屋顶和天花板、场地、楼梯、坡道等。主体图元的参数大多可以设置，如墙可以设置构造层、厚度、高度等，如图 2-1 所示。楼梯一般具有踏面、踢面、休息平台、梯段宽度等参数，如图 2-2 所示。

图　2-1

主体图元的参数由软件系统预先设置，用户不能自由添加参数，只能修改原有的参数设置，编辑创建出新的主体类型。

（2）构件图元：包括窗、门和家具、植物等三维模型构件。构件图元和主体图元具有相对的依附关系，如门窗是安装在墙主体上的，删除墙，则墙体上安装的门窗构件也同时被删除，这是 Revit 软件的特点之一。

构件图元的参数设置相对灵活，变化较多，所以在 Revit 中，用户可以自行定制构件图元，设置各种需要的参数类型，以满足参数化设计修改的需要，如图 2-3 所示。

图　2-2

图　2-3

（3）注释图元：包括尺寸标注、文字注释、标记和符号等。注释图元的样式都可以由用户自行定制，以满足各种本地化设计应用的需要，比如展开项目浏览器的族中的注释符号的子目录，即可编辑修改相关注释族的样式，如图 2-4 所示。

Revit 中的注释图元与其标注、标记的对象之间具有某种特定的关联特点，如门窗定位的尺寸标注，若修改门窗位置或门窗大小，其尺寸标注会根据系统自动修改；若修改墙体材料，则墙体材料的材质标记会自动变化。

（4）基准图元：包括标高、轴网、参照平面等。因为 Revit 是一款三维设计软件，而三维建模的工作平面设置是其中非常重要的环节，所以标高、轴网、参照平面等基准面图元就为用户提供了三维设计的基准面。

此外，用户还经常使用参照平面来绘制定位辅助线、绘制辅助标高或设定相对标高的偏移值，如绘制楼板时，软件默认在所选视图的标高上绘制，可以通过设置相对标高的偏移值来调整，如卫生间的楼板标高处理等，如图 2-5 所示。

图 2-4

图 2-5

（5）视图图元：包括楼层平面图、天花板平面图、三维视图、立面图、剖面图及明细表等。视图图元的平面图、立面图、剖面图及三维轴测图、透视图等都是基于模型生成的视图表达，它们是相互关联的，可以通过软件"对象样式"的设置来统一控制各个视图的对象显示，如图 2-6 所示。

图 2-6

　　每一个平面、立面、剖面视图都具有相对的独立性，如每一个视图都可以设置其独有的构件可见性、详细程度、出图比例、视图范围等，这些都可以通过调整每个视图的视图属性来实现，如图 2-7 所示。

图　2-7

　　Revit 软件的基本构架就是由以上 5 种图元要素构成的。对以上图元要素的设置、修改及定制等操作都有类似的规律，需用户用心体会。

2.1.2　"族"的名词解释和软件的整体构架关系

　　（1）Revit 软件作为一款参数化设计软件，族的概念需要深入理解和掌握。通过族的创建和定制，使软件具备了参数化设计的特点及实现本地化项目定制的可能性。族是一个包含通用属性（称作参数）集和相关图形表示的图元组，所有添加到 Revit 项目中的图元（包括用于构成建筑模型的结构构件、墙、屋顶、窗和门，以及用于记录该模型的详图索引、装置、标记和详图构件）都是使用族来创建的。

　　在 Revit 中，有以下 3 种族：

　　1）内建族：在当前项目为专有的特殊构件所创建的族，不需要重复利用。

　　2）系统族：包含基本建筑图元，如墙、屋顶、天花板、楼板及其他要在施工场地使用的图元。标高、轴网、图纸和视口类型的项目及系统设置也是系统族。

　　3）标准构件族：用于创建建筑构件和一些注释图元的族，例如，窗、门、橱柜、装置、家具、植物和一些常规自定义的注释图元（如符号和标题栏等），它们具有可自定义高度的特征，可重复利用。

　　（2）在应用 Revit 软件进行项目定制的时候，首先需要知道该软件是一个有机的整体，它的 5 种图元要素之间是相互影响和密切关联的。所以，在应用软件进行设计、参数设置及修改时，需要从软件的整体构架关系来考虑。

1）以窗族的图元可见性、子类别设置和详细程度等设置来说，族的设置与建筑设计表达密切相关。

2）在制作窗族时，通常设置窗框竖梃和玻璃在平面视图中不可见，因为按照我国的制图标准，窗户表达为 4 条细线，如图 2-8 所示。

图　2-8

3）在制作窗族时，还需要为每一个构件设置其所属子类别，因为某些时候用户还需要在项目中单独控制窗框、玻璃等构件或符号在视图中的显示，如图 2-9 所示。

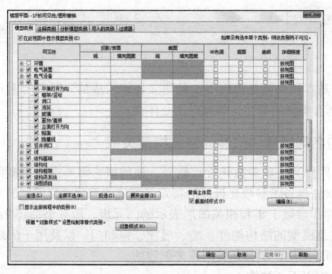

图　2-9

4）在项目中窗的平面表达，在 1∶100 的视图比例和 1∶20 的视图比例中的平面显示的要求是不同的，在制作窗族设置详细程度时需要加以考虑，如图 2-10 所示。

图　2-10

5）在项目中，门窗标记与门窗表、族的类型名称也是密切相关的，需要综合考虑。比如在项目图中，门窗标记的默认位置和标记族的位置有关，如图 2-11 所示。

图　2-11

6）标记族选用的标签与门窗表选用的字段有关，如图 2-12 所示。

<窗明细表>							
A	B	C	D	E	F	G	H
	洞口尺寸			楼 数			楼 数
设计编号	宽度	高度	参照图集	标高	备注	类型	总数
C0609	600	900	参照03J603-2	1F	断热铝合金中空玻璃固定窗	C0615	1
C0615	600	1400	参照03J603-2	1F	断热铝合金中空玻璃固定窗	C0615	1
C0625	600	2500	参照03J603-2	1F	断热铝合金中空玻璃固定窗	推拉窗C0624	2
C0823	850	2300	参照03J603-2	1F	断热铝合金中空玻璃推拉窗	推拉窗C0624	3
C0915	900	1500	参照03J603-2	1F	断热铝合金中空玻璃推拉窗	C0915	2
C2406	2400	600	参照03J603-2	1F	断热铝合金中空玻璃推拉窗	推拉窗C2406	1
C3423	3400	2300	参照03J603-2	1F	断热铝合金中空玻璃推拉窗	C3415	1
总计：16							11

图　2-12

7）在调用门窗族类型的时候，为了方便从类型选择器中选用门窗，需要把族的名称和类型名称定义得直观、易懂。按照我国标准的图纸表达习惯，最好的方式就是把族名称、类型名称与门窗标记族的标签，以及明细表中选用的字段关联起来，作为一个整体来考虑，如图 2-13 所示。

图　2-13

2.1.3　Revit 的应用特点

只有了解了 Revit 的应用特点，才能更好地结合项目需求，做好项目应用的整体规划，避免事后返工。

（1）首先要建立三维设计和 BIM 的概念，创建的模型应具有现实意义，如创建墙体模型，它不仅有高度的三维模型，而且具有构造层，有内外墙的差异，有材料特性、时间及阶段信息等。

（2）具有关联和关系的特性：平面图、立面图、剖面图、明细表实时关联，即一处修改，处处修改；墙和门窗具有依附关系，墙能附着于屋顶、楼板等主体；栏杆能指定坡道楼梯为主体；尺寸注释和注释对象的关联关系等。

（3）具有参数化设计的特点，可通过类型参数、实例参数、共享参数等对构件的尺寸、材质、可见性、项目信息等属性进行控制。Revit 不仅是建筑构件的参数化，而且可以通过设定约束条件实现标准化设计，如整栋建筑单体的参数化设计、工艺流程的参数化设计、标准厂房的参数化设计。

（4）可设置限制性条件，即约束，如设置构件与构件、构件与轴线的位置关系；设定调整、变化时的相对位置变化的规律。

（5）具有协同设计的工作模式，如工作集（在同一个文件模型上协同）和链接文件管理（在不同文件模型上协同）。

（6）阶段的应用引入了时间的概念，实现了四维的设计、施工、建造管理的相关应用。阶段设置可以和项目工程进度相关联。

（7）可以根据阶段的不同，按照工程进度的不同阶段分期统计工程量。

2.2　工作界面介绍与基本工具应用

新版 Revit 界面与以往版本的界面相比有部分变化，界面变化的主要目的是简化工作流程。在新版 Revit 中只需单击几次，便可以修改界面，从而更好地支持人们的工作，例如，可以将功能区设置为 3 种显示设置之一，还可以同时显示若干个项目视图，或按层次放置视图仅看到最上面的视图，如图 2-14 所示。

图　2-14

2.2.1　应用程序菜单

应用程序菜单提供对常用文件操作的访问，如【新建】【打开】【保存】菜单。还允许使用更高级的工具（如【导出】【发布】）来管理文件。单击 按钮打开应用程序菜单，如图 2-15 所示。

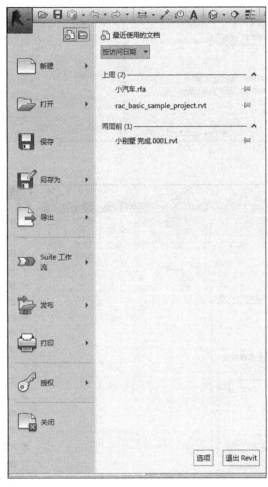

图　2-15

在 Revit 中自定义快捷键时执行应用程序菜单中的【选项】命令，弹出【选项】对话框，然后单击【用户界面】选项卡中的【自定义】按钮，在弹出的【快捷键】对话框中进行设置，如图 2-16 所示。

2.2.2　快速访问工具栏

单击快速访问工具栏后的下拉按钮 ，弹出工具列表。在 Revit 中每个应用程序都有一个快速访问工具栏（QAT），增加了 QAT 中的默认命令的数目。若要向快速访问工具栏中添加功能区的按钮，可在功能区中单击鼠标右键，在弹出的快捷菜单中选择【添加到快速访问工具栏】，按钮会添加到快速访问工具栏中默认命令的右侧，如图 2-17 所示。

图　2-16

图　2-17

可以对快速访问工具栏中的命令进行向上 / 向下移动、添加分隔符、删除等操作，如图 2-18 所示。

图　2-18

2.2.3　功能区 3 种类型的按钮

功能区包括以下 3 种类型的按钮：

（1）按钮（如天花板 天花板）：单击可调用工具。

（2）下拉按钮：如图 2-19 中的【墙】包含一个下三角按钮，用以显示附加的相关工具。

（3）分割按钮：调用常用的工具或显示包含附加相关工具的菜单。

注意：如果看到按钮上有一条线将按钮分割为两个区域，单击上部（或左侧）可以访问最常用的工具；单击另一侧可显示相关工具的列表，如图 2-19 所示。

单击上半部分将直接激活"墙"命令，默认上次使用的墙族

单击下半部分的下三角按钮，将显示墙及相关族列表

图　2-19

2.2.4　上下文功能区选项卡

激活某些工具或者选择图元时，会自动增加并切换到上下文功能区选项卡，其中包含一组只与该工具或图元的上下文相关的工具。

例如，单击【墙】工具时，将显示【修改放置墙】的上下文功能区选项卡（图 2-20），其中显示【选择】【属性】【剪贴板】【几何图形】【修改】【视图】【测量】【创建】【绘制】共 9 个面板，前 8 个面板与【修改】菜单栏一致，【绘制】面板是选择墙体后特有的面板，包含绘制墙草图所需的绘图命令。退出该工具时，上下文功能区选项卡即会关闭。

图　2-20

2.2.5　全导航控制盘

全导航控制盘将查看对象控制盘和巡视建筑控制盘上的三维导航工具组合到了一起，用户可以查看各个对象，以及围绕模型进行漫游和导航。全导航控制盘经优化后适合有经验的用户使用，如图 2-21 所示。

图　2-21

注意：显示其中一个全导航控制盘时，单击任何一个选项，然后按住鼠标不放即可进行调整；如按住鼠标不放进行缩放，前后拉动鼠标可进行视图的大小控制。

（1）切换到【全导航控制盘（N）】：在控制盘上单击鼠标右键，在弹出的快捷菜单中选择【全导航控制盘（N）】命令。

（2）切换到【全导航控制盘（小）（F）】：在控制盘上单击鼠标右键，在弹出的快捷菜单中选择【全导航控制盘（小）（F）】命令。

2.2.6　ViewCube

ViewCube 是一个三维导航工具，可指示模型的当前方向，并让用户调整视点，如图 2-22 所示。

图　2-22

主视图是随模型一同存储的特殊视图，可以方便地返回已知视图或熟悉的视图，用户可以将模型的任何视图定义为主视图。

具体操作：在 ViewCube 上单击鼠标右键，在弹出的快捷菜单中选择【将当前视图设定为主视图】命令。

2.2.7　视图控制栏

视图控制栏位于 Revit 窗口底部的状态栏上方，界面为 1 : 100 　□□□□□□□□□□□□□□□ 。通过它，可以快速访问影响绘图区域的工具，视图控制栏工具从左向右依次是：

（1）比例。

（2）详细程度。

（3）模型图形样式：单击可选择【线框】【隐藏线】【着色】【一致的颜色】【真实】5 种模式（增加了新的选项卡——【图形显示选项】，此选项后面会有详细介绍）。

（4）打开 / 关闭日光路径。

（5）打开 / 关闭阴影。

（6）显示 / 隐藏渲染对话框（仅当绘图区域显示三维视图时才可用）。

（7）打开 / 关闭裁剪区域。

（8）显示 / 隐藏裁剪区域。

（9）锁定 / 解锁三维视图。

（10）临时隐藏 / 隔离。

（11）显示隐藏的图元。

（12）临时视图属性：单击可选择启用临时视图属性、临时应用样板属性和回复视图属性。

（13）显示 / 隐藏分析模型。

（14）高亮显示位移集。

要点：在 Revit 的图形显示选项功能面板中，如图 2-23 所示，可进行【轮廓】【阴影】【照明】【背景】等命令的相关设置，如图 2-24 所示。

图　2-23

图　2-24

进行相关设置并打开日光路径 ⚙ 后，在三维视图中会有如图 2-25 所示的效果。

可以通过直接拖曳图中的"太阳"，或修改时间来模拟不同时间段的光照情况，还可以通过拖曳"太阳"轨迹来修改日期，如图 2-26 所示。

图　2-25　　　　　　　　　　　　　　　　　图　2-26

也可以在【日光设置】对话框中进行设置来模拟不同时间段的光照情况，如图 2-27 所示。

图　2-27

打开三维视图，单击【锁定 / 解锁三维视图】功能按钮，如图 2-28 所示，可执行锁定三维视图并添加保存命令的操作。

图　2-28

2.2.8　基本工具的应用

常规的编辑命令适用于软件的整个绘图过程，如移动、复制、旋转、阵列、镜像、对齐、拆分、修剪、偏移等编辑命令，如图 2-29 所示，下面主要通过墙体和门窗的编辑来详细介绍。

图　2-29

1. 墙体的编辑

选择【修改墙】选项卡，【修改】面板下的编辑命令如图 2-29 所示。

1)【复制】：在选项栏　修改 | 墙　□约束 □分开 □多个　中，勾选【多个】复选框，可复制多个墙体到新的位置，复制的墙与相交的墙自动连接；勾选【约束】复选框，可复制在竖直方向或水平方向的墙体。

2)【旋转】：拖曳【中心点】可改变旋转的中心位置，如图 2-30 所示。用鼠标左键拾取旋转参照位置和目标位置，然后旋转墙体。也可以在选项栏设置旋转角度值后按 <Enter> 键旋转墙体　☑分开 ☑复制 角度: 135　（注意：勾选【复制】复选框会在旋转的同时复制一个墙体的副本）。

图 2-30

3）【阵列】 ⊞ ：勾选【成组并关联】选项，输入项目数，然后选择【移动到】选项中的【第二个】或【最后一个】，再在视图中拾取参考点和目标位置，二者间距将作为第一个墙体和第二个或最后一个墙体的间距值，完成后系统自动阵列墙体，如图 2-31 所示。

图 2-31

4）【镜像】 ▷◁ ◁▷ ：在【修改】面板的【镜像】下拉列表中选择【拾取镜像轴】或【绘制镜像轴】选项后镜像墙体。

5）【缩放】 ☐ ：选择墙体，单击【缩放】工具，在如图 2-32 所示选项栏中选择缩放方式，选择【图形方式】单选按钮，单击整道墙体的起点、终点，以此来作为缩放的参照距离；再单击墙体新的起点、终点，确认缩放后的大小距离；选择【数值方式】单选按钮，直接输入缩放比例数值，按 <Enter> 键确认即可。

⊙ 图形方式　○ 数值方式　比例：0.463284

图 2-32

6）【对齐】 ⊢ ：在各视图中对构件进行对齐处理。选择目标构件，使用 <Tab> 键确定对齐位置，再选择需要对齐的构件，使用 <Tab> 键选择需要对齐的部位。

7）【拆分】 ⊹ ⊹ ：在平面图、立面图或三维视图中单击墙体的拆分位置即可将墙在水平或竖直方向拆分成几段。

8）【修剪】 ⊤ ：单击【修剪】按钮即可修剪墙体。

9）【延伸】 ⇥ ⇤ ：单击【延伸】工具下拉按钮，选择【修剪/延伸单个图元】或【修剪/延伸多个图元】命令，既可以修剪也可以延伸墙体。

10）【偏移】 ⊿ ：在选项栏设置偏移值，可以将所选图元偏移一定的距离。

11）【移动】 ✛ ：单击【移动】按钮可以将选定图元移动到视图中指定的位置。

◁ 注意：如偏移时需生成新的构件，应勾选【复制】复选框。

2. 门窗的编辑

选择门窗，自动激活【修改门/窗】选项卡，在【修改】面板下编辑命令。

可在平面图、立面图、剖面图、三维视图等图形中移动、复制、阵列、镜像、对齐门窗。

在平面视图中复制、阵列、镜像门窗时，如果没有同时选择其门窗标记的话，可以在后期随时添加，在【注释】选项卡的【标记】面板中选择【标记全部】命令，然后在弹出的对话框中选择要标记的对象，并进行相应设置。所选标记将自动完成标记（和以往版本不同的是，对话框上方出现了【包括链接文件中的图元】选项，以后会涉及相关知识介绍），如图 2-33 所示。

图　2-33

门窗视图上下文功能区选项卡上的基本命令，如图 2-34 所示。

图　2-34

1）细线：软件默认的打开模式是粗线模型，当需要在绘图中以细线模型显示时，可选择【图形】面板中的【细线】命令。

2）切换窗口：绘图时打开多个窗口，通过【窗口】面板上的【切换窗口】命令选择绘图所需窗口。

3）关闭隐藏对象：自动隐藏当前没有在绘图区域上使用的窗口。

4）复制：选择该命令，复制当前窗口。

5）层叠：选择该命令，当前打开的所有窗口层叠地出现在绘图区域，如图 2-35 所示。

图　2-35

6）平铺：选择该命令，当前打开的所有窗口平铺在绘图区域，如图 2-36 所示。

图　2-36

注意：以上工具在后面的内容中如有涉及，将根据需要进行详细介绍。

2.2.9　鼠标右键工具栏

在绘图区域单击鼠标右键，弹出快捷菜单，菜单命令依次为【取消】【重复上一个命令】【上次选择】【查找相关视图】【区域放大】【缩小两倍】【缩放匹配】【平移活动视图】【上一次平移/缩放】【下一次平移/缩放】【属性】，如图 2-37 所示。

图　2-37

2.3　标高与轴网

　　标高用来定义楼层层高及生成平面视图，但标高并非必须作为楼层层高。轴网用于为构件定位，在 Revit 中轴网确定了一个不可见的工作平面，轴网编号及标高符号样式均可定制和修改，使其符合国家规范的要求。Revit 软件可以绘制直线、弧形和折线轴网。

　　在本单元中，读者需重点掌握轴网和标高的 2D、3D 显示模式的不同作用，影响范围命令的应用，轴网和标高标头的显示控制，以及如何生成对应标高的平面视图等内容。

2.3.1　标高

1. 修改原有标高和绘制并添加新标高

　　进入任意立面视图，通常样板中会有预设标高，如需修改原有标高，单击标高符号上方或下方表示高度的数值，如【室外标高】高度数值为 "0.45"，单击此数值后该数字变为可输入状态，然后将原有数值修改为 "0.3"。

介绍标高

　　⚠️ **注意**：标高通常设置单位为 **"m"**，如图 2-38 所示。

图　2-38

标高名称按 F1、F2、F3…自动排序。

> ⚠️ **注意**：标高名称和样式可以通过修改标高标头族文件来设定，应符合《房屋建筑制图统一标准》（GB/T 50001—2017）的规定。

绘制并添加新标高，同时在【项目浏览器】中自动添加一个【楼层平面】视图、【天花板平面】视图和【结构平面】视图，如图 2-39 所示。

图　2-39

> ⚠️ **注意**：标高名称的自动排序是按照名称的最后一个字母排序的。

如需修改标高，则执行以下操作：单击需要修改的标高，如 F3，在 F2 与 F3 之间会显示一条蓝色的临时尺寸标注，单击临时尺寸标注上的数字，重新输入新的数值并按 <Enter>键，即可完成标高的调整，如图 2-40 所示（标高距离的单位为"mm"）。

图　2-40

2. 复制、阵列标高

选择一层标高，选择【修改标高】选项卡，然后在【修改】面板中选择【复制】或【阵列】命令，可以快速生成所需标高。

（1）选择标高 F3，单击功能区的【复制】按钮，在选项栏勾选【约束】及【多个】复选框，如图 2-41 所示。光标回到绘图区域，在标高 F3 上单击，并向上移动，此时可直接用键盘输入新标高与被复制标高的间距，如"3000"，单位为"mm"，输入后按 <Enter> 键，即完成一个标高的复制。由于勾选了选项栏上的【多个】复选框，所以可继续输入下一个标高间距，而无须再次选择标高并激活【复制】工具，如图 2-42 所示。

绘制标高

图 2-41

图 2-42

⚠ **注意**：选项栏的【约束】选项可以保证正交，如果不选择，【复制】选项将执行移动的操作。选择【多个】选项，可以在一次复制完成后无须激活【复制】命令而继续执行操作，从而实现多次复制。

通过以上方式完成所需标高的绘制，要结束【复制】命令可以单击鼠标右键，在弹出的快捷菜单中选择【取消】命令，或按 <Esc> 键结束【复制】命令。

⚠ **注意**：通过复制的方式生成标高时可在复制时输入准确的标高间距，但观察【项目浏览器】中，并未生成相应的楼层平面。

（2）用【阵列】的方式绘制标高，可一次绘制多个间距相等的标高，此种方法适用于多层或高层建筑。绘制时，选择一个现有标高，将光标移动至【功能区】，选择【阵列】工具中的 ⊞，设置选项栏，取消勾选【成组并关联】复选框，输入【项目数】为 "6" 即生成包含被阵列对象在内的共 6 个标高，并保证正交，如图 2-43 所示。也可以勾选【约束】复选框，以保证正交。

| 修改 \| 标高 | ⫿⫿ ↺ | □成组并关联 | 项目数: 6 | | 移动到:◉ 第二个 ○ 最后一个 | □约束 | 激活尺寸标注 |

图 2-43

设置完选项栏后，单击新阵列标高，向上移动，输入标高间距 "3000" 后按 <Enter> 键，将自动生成包含原有标高在内的 6 个标高。

> ✏ **注意**：如勾选【成组并关联】复选框，阵列后的标高将自动成组，需要编辑该组才能调整标高的标头位置、高度等属性。

（3）为复制或阵列标高添加楼层平面。

（4）观察【项目浏览器】中【楼层平面】下的视图，如图 2-44 所示，通过复制及阵列的方式创建的标高均未生成相应的平面视图；同时，观察立面图，有对应楼层平面的标高标头为蓝色，没有对应楼层平面的标高标头为黑色，因此双击蓝色标头，视图将跳转至相应的平面视图，而黑色标头不能引导跳转视图。

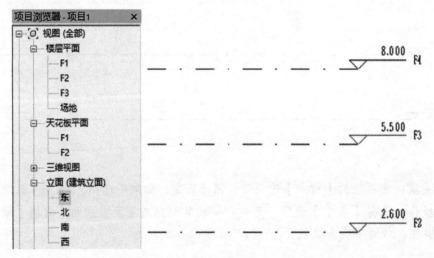

图 2-44

如图 2-45 所示，选择【视图】选项卡，然后在【平面视图】面板中执行【楼层平面】命令。

（5）在弹出的【新建楼层平面】对话框中单击第一个标高，再按住 <Shift> 键单击最后一个标高，以上操作将选中所有标高，单击【确定】按钮。再次观察【项目浏览器】，所有复制和阵列生成的标高都已创建了相应的平面视图，如图 2-46 所示。

图　2-45

标高属性

图　2-46

3. 编辑标高

（1）选择任意一根标高线，会显示临时尺寸、一些控制符号和复选框，如图 2-47 所示，可以编辑其尺寸值、单击并拖曳控制符号，还可整体或单独调整标高标头的位置、控制标头隐藏或显示、偏移标头等（3D/2D 切换操作详见轴网部分相关内容）。

图　2-47

（2）选择标高线，单击标头外侧方框，即可关闭／打开轴号显示。

（3）单击标头附近的折线符号，偏移标头，单击蓝色"拖曳点"，按住鼠标不放，调整标头位置。

2.3.2 轴网

1. 绘制轴网

绘制轴网

选择【建筑】选项卡，然后在【基准】面板中选择【轴网】命令，单击起点、终点位置，绘制一根轴线。绘制第一根纵轴的编号为1，后续轴号将按1、2、3…自动排序；绘制第一根横轴后单击轴网编号把它改为A，后续编号将按A、B、C…自动排序，如图2-48所示。软件不能自动排除I和O字母作为轴网编号，需手动排除。

图 2-48

2. 用拾取命令生成轴网

可调用CAD图作为底图进行轴网拾取。需要注意的是，轴网只需在任意平面视图绘制，其他标高视图均可见。

3. 复制、阵列、镜像轴网

（1）选择一根轴线，单击工具栏中的【复制】【阵列】或【镜像】按钮，可以快速生成所需的轴线，轴号自动排序。

注意：①~③轴线以轴线④为中心镜像，同样可以生成⑤~⑦轴线，但镜像后⑤~⑦轴线的顺序将发生颠倒，即轴线⑦将在最左侧，轴线⑤将在右侧。因为在对多个轴线进行复制或镜像时，Revit默认以复制原对象的绘制顺序进行排序，因此绘制轴网时不建议使用【镜像】命令，如图2-49所示。

图 2-49

（2）选择不同命令时，选项栏中会出现不同选项，如【复制】【多个】【约束】等。

（3）阵列时注意取消勾选【成组并关联】复选框，因为轴网成组后再进行修改将会相互关联，影响其他轴网的控制。

建议在轴网绘制完毕后，选择所有的轴线，自动激活【修改轴网】选项卡，在【修改】面板中选择【锁定】命令锁定轴网，以避免以后工作中错误操作移动轴网位置。

4. 通过尺寸来调整轴线位置

选择任何一根轴线，会出现蓝色的临时尺寸标注，单击该尺寸即可修改其数值，调整轴线位置，如图 2-50 所示。

图　2-50

5. 轴线标头位置调整

选择任何一根轴线，所有对齐轴线的端点位置会出现一条对齐虚线，用鼠标拖曳轴线端点，所有轴线端点同步移动。

轴网属性

（1）如果只移动单根轴线的端点，则先解除对齐锁定，再拖曳轴线端点。

（2）如果轴线状态为【3D】，则所有平行视图中的轴线端点同步联动，如图 2-51a 所示。

（3）单击切换为【2D】，则只改变当前视图的轴线端点位置，如图 2-51b 所示。

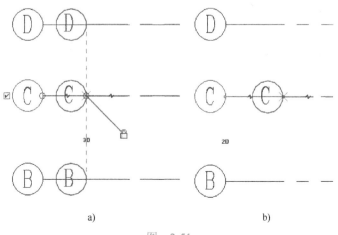

a)　　　　　　　　　　　　b)

图　2-51

6. 轴号显示控制

（1）选择任何一根轴线，单击标头外侧方框☑，即可关闭／打开轴号显示。

（2）如需控制所有轴号的显示，可选择所有轴线，将自动激活【修改轴网】选项卡。在【属性】面板中选择【类型属性】命令，弹出【类型属性】对话框，在其中修改类型属性，并在【平面视图轴号端点】右侧的方框中打勾，如图 2-52 所示。

图 2-52

（3）除了可控制【平面视图轴号端点】的显示，在【非平面视图轴号（默认）】中还可以设置轴号的显示方式，控制除平面视图以外的其他视图，如立面图、剖面图等视图的轴号，其显示状态为顶部显示、底部显示、两者显示、无显示，如图 2-53 所示。

a)

图 2-53

a）顶部显示、底部显示

图　2-53（续）

b）两者显示、无显示

（4）在轴线的【类型属性】对话框中设置【轴线中段】的显示方式，分别有【连续】【无】【自定义】3 个选项，如图 2-54 所示。

图　2-54

（5）将【轴线中段】设置为【连续】方式时，可设置其【轴线末段宽度】【轴线末段颜色】【轴线末段填充图案】的样式，如图 2-55 所示。

图　2-55

（6）将【轴线中段】设置为【无】方式时，可设置其【轴线末段宽度】【轴线末段长度】的样式，如图 2-56 所示。

图　2-56

（7）将【轴线中段】设置为【自定义】方式时，可设置其【轴线中段宽度】【轴线中段颜色】【轴线中段填充图案】【轴线末段宽度】【轴线末段颜色】【轴线末段填充图案】【轴线末段长度】的样式，如图 2-57 所示。

图 2-57

7. 轴号偏移

单击标头附近的折线符号和要偏移的轴号，单击"拖曳点"并按住鼠标不放，移动"拖曳点"调整轴号位置，如图 2-58 所示。

图 2-58

偏移后若要恢复直线状态，按住"拖曳点"到直线上松开鼠标即可。

注意：锁定轴线时要取消偏移，需要选择轴线并取消锁定后，才能移动"拖曳点"。

8. 影响范围

在一个视图中按上述方法进行轴线标头位置调整、轴号显示和轴号偏移等设置，设置完成后，选择【轴线】，再在选项栏上执行【影响范围】命令，在对话框中选择需要的平面或立面视图名称，可以将这些设置应用到其他视图。例如，一层做了轴号的修改，而没有使用【影响范围】功能，其他层就不会有任何变化，如图 2-59 所示。如想要使一层轴线的变化影响到所有标高层，选中一个修改后的轴线，此时将自动激活【修改轴网】选项卡，在【基准】面板中选择【影响范围】命令，弹出【影响基准范围】对话框，选择需要影响的视图，单击【确定】按钮，所选视图的轴线都会与其做相同调整，如图 2-60 所示。

图　2-59

图　2-60

> **注意：** 这里推荐的制图流程为先绘制标高，再绘制轴线。这样，在立面图中，轴号将显示于最上层的标高上方，这也就决定了轴线在每一个标高的平面视图都可见。
>
> 　　如果先绘制轴线再添加标高，或者是项目在进行过程中新添加了某个标高，则有可能导致轴线在新添加标高的平面视图中不可见。其原理是在立面上，轴线在 3D 显示模式下需和标高视图相交，即轴线的基准面与视图平面相交，则轴线在此标高的平面视图可见，如图 2-61 所示，②、④轴线与 F8 标高未相交，所以它们在 F8 层标高的平面视图中不可见。

图　2-61

2.4　墙体和幕墙

在用 Revit 绘制墙体时，需要综合考虑墙体的高度、构造做法、立面显示及墙身大样详图，以及图纸比例的选择、内外墙体区别等。幕墙作为墙的一种类型，幕墙嵌板可自由定制的特性以及嵌板样式同幕墙网格的划分之间能自动维持边界约束的特点，使幕墙具有很好的应用拓展。墙体和幕墙构造复杂、制图精度要求高，同学们应以精益求精的精神高质量地完成建模工作。

2.4.1　墙体的绘制和编辑

1．一般墙体的绘制和编辑

（1）绘制墙体。选择【建筑】选项卡，单击【构建】面板下的【墙】下拉按钮，可以看到有【建筑墙】【结构墙】【面墙】【墙饰条】【分隔条】共5种类型可供选择。其中，【结构墙】为创建承重墙和抗剪墙时使用；在使用体量面或常规模型时选择【面墙】；【墙饰条】【分隔条】的设置原理相同。

从类型选择器中选择【墙】类型（必要时可单击【图元属性】按钮，在弹出的对话框中编辑墙的属性，可使用复制的方式创建新的墙类型），在【修改放置墙】选项卡的下侧设置

【标高】【高度】【定位线】【链】【偏移量】【半径】等参数，如图 2-62 所示。选择【直线】【矩形】【多边形】【弧形墙体】等命令进行墙体的绘制。在视图中拾取两点，可直接绘制墙线。

图 2-62

注意：应以顺时针方向绘制墙体，因为在 Revit 中有内墙面和外墙面的区别。

图 2-63

（2）用拾取命令生成墙体。如果有导入的二维 dwg 平面图作为底图，可以先选择【墙】类型，设置好墙的高度、定位线、链、偏移量、半径等参数后，选择【拾取线／边】命令拾取 dwg 平面图的墙线，自动生成 Revit 墙体。也可以通过拾取面生成墙体，主要应用在体量的面墙生成。

（3）编辑墙体。

1）墙体图元属性的修改。选择墙体，自动激活【修改墙】选项卡，单击【图元】面板下的【图元属性】按钮，弹出墙体【属性】对话框。

2）修改墙的实例参数。修改墙的实例参数包括设置所选择墙体的定位线、高度、基面和顶面的位置及偏移、结构用途等特性，如图 2-63 所示。

建议在墙体与楼板屋顶附着时设置【顶部偏移】，偏移值为楼板厚度，可以解决楼面三维显示时看到墙体与楼板交线的问题。

（4）设置墙的类型参数。

1）设置墙的类型参数可以设置不同类型墙的填充样式，以及墙的结构、材质等，如图 2-64 所示。

图 2-64

单击图元，执行【属性】→【结构】→【编辑】命令，弹出【编辑部件】对话框，如图 2-65 所示，可对墙的部件进行设置。墙体构造层厚度及位置关系（可利用【向上】【向下】按钮调整）可以由用户自行定义。需要注意的是，进行墙体的定位时有【核心边界】的选项。

墙构造层次
优先级

图 2-65

系统对视图详细程度的设置：在绘图区域单击鼠标右键，在弹出的快捷菜单中选择【视图属性】命令，弹出【属性】对话框，如图 2-66 所示。

图 2-66

2）通过"临时尺寸驱动""拖曳控制点""内外墙方向控制柄"修改墙体的位置、长度、高度，以及内外墙面等，如图 2-67 所示。

图 2-67

3）【移动】【复制】【旋转】【阵列】【镜像】【对齐】【拆分】【修剪】【偏移】等常规的编辑命令同样适用于墙体的编辑。选择墙体，在【修改墙】选项卡的【修改】面板中选择命令进行编辑。

4）编辑立面轮廓。选择墙体，自动激活【修改墙】选项卡，单击【修改墙】面板下的【编辑轮廓】按钮，如在平面视图进行此操作，此时会弹出【转到视图】对话框，选择任意立面进行操作，进入绘制轮廓草图模式。在立面上用【线】绘制工具绘制封闭轮廓，单击【完成绘制】按钮可生成任意形状的墙体，如图 2-68 所示。

同时，如需一次性还原已编辑过轮廓的墙体，选择墙体，单击【重设轮廓】按钮，即可实现。

图 2-68

5）附着／分离。选择墙体，自动激活【修改墙】选项卡，单击【修改墙】面板下的【附着】按钮，然后拾取屋顶、楼板、天花板或参照平面，可将墙连接到屋顶、楼板、天花板、参照平面上，墙体形状自动发生变化。单击【分离】按钮可将墙从屋顶、楼板、天花板、参照平面上分离开，墙体形状恢复原状，如图 2-69 所示。

2. 复合墙的绘制和编辑

选择【建筑】选项卡，单击【构建】面板下的【墙】按钮。

从类型选择器中选择墙的类型，选择【属性】面板，单击【编辑类型】按钮，弹出【类型属性】对话框，再单击【结构】参数后面的【编辑】按钮，弹出【编辑部件】对话框，如图 2-70 所示。

图 2-69

图 2-70

单击【插入】按钮，添加一个构造层，并为其指定功能、材质、厚度，使用【向上】【向下】按钮调整其上、下位置。

单击【修改垂直结构】选项区域的【拆分区域】按钮，将一个构造层拆为上、下

n 个部分，用【修改】命令修改尺寸及调整拆分边界位置，原始的构造层厚度值变为【可变】。

在【图层】中插入 $n-1$ 个构造层，指定不同的材质，厚度为0。

单击其中一个构造层，用【指定层】命令在左侧预览框中单击拆分开的某个部分指定给该图层。用同样的操作对所有图层设置完成后，即可实现一面墙在不同的高度有几个材质的要求，如图 2-71 所示。

图   2-71

单击【墙饰条】按钮，弹出【墙饰条】对话框，添加并设置墙饰条的轮廓，如需新的轮廓，可单击【载入轮廓】按钮，从库中载入轮廓族，单击【添加】按钮添加墙饰条轮廓，并设置其高度、放置位置（墙体的顶部、底部、内部、外部）、与墙体的偏移值、材质及是否剪切等，如图 2-72 所示。

图   2-72

3. 叠层墙的绘制和编辑

选择【建筑】选项卡，单击【构建】面板下的【墙】按钮，从类型选择器中选择叠层墙的类型。例如：【叠层墙：外部 - 带金属立柱的砌块上的砖】类型，单击【图元】面板下的【图元属性】按钮，弹出【实例属性】对话框，单击【编辑类型】按钮，弹出【类型属性】对话框，再单击【结构】后的【编辑】按钮，弹出【编辑部件】对话框，如图 2-73 所示。

图　2-73

叠层墙是一种由若干个不同子墙（基本墙类型）相互堆叠在一起组成的主墙，可以在不同的高度定义不同的墙厚、复合层和材质。

4. 异型墙的绘制和编辑

异型墙是指不能直接应用绘制墙体命令生成的造型特异的墙体，如倾斜墙、扭曲墙。

（1）体量生成面墙。

1）选择【体量和场地】选项卡，在【概念体量】面板上单击【内建体量】或【放置体量】工具，创建所需体量，使用【放置体量】工具创建斜墙，如图 2-74 所示。

图　2-74

2）单击【放置体量】工具，如果项目中没有现有体量族，可从库中载入现有体量族，在【放置】面板上确定体量的放置面，放置在【面】上，项目中至少有一个构件，需要拾取构件的任意【面】放置体量；放置在【工作平面】上，体量可放置在任意平面或工作平面上，如图 2-75 所示。

3）放置好体量后，单击【体量和场地】面板上的【面模型】下拉按钮，单击【墙】工具，自动激活【修改放置墙】选项卡，如图 2-76 所示，设置所放置墙体的基本属性。

图 2-75

图 2-76

移动光标到体量任意面单击，确定放置。

4）单击【概念体量】面板中的 显示体量工具，控制体量的显示与关闭，如图2-77所示。

图 2-77

（2）内建族创建异型墙体。选择【建筑】选项卡，在【构建】面板下的【构件】下拉菜单中执行【内建模型】命令，在弹出的【族类别和族参数】对话框中选择【墙】选项，然后单击【确定】按钮，如图 2-78 所示。

图　2-78

执行【在位建模】面板中【创建】下拉菜单中的【拉伸】【融合】【旋转】【放样】【放样融合】【空心形状】命令来创建异型墙体。首先，在一层【标高 1】中创建【底面轮廓】，创建完成后单击【编辑底部】，单击二层【标高 2】创建【顶面轮廓】，创建完成后单击【编辑顶点】，单击完成后在 3D 图中完成立体图形。同时，还可以给此墙族添加相应参数，如材质（此墙体没有构造层可设置，只是单一的材质）、尺寸等，如图 2-79 所示。

图　2-79

图　2-79（续）

2.4.2　幕墙和幕墙系统

1. 幕墙

幕墙在 Revit 中属于墙的一种类型，由于幕墙和幕墙系统在设置上有相同之处，所以本书将它们合并为一个小节进行讲解。幕墙在 Revit 中默认有 3 种类型：店面、外部玻璃、幕墙，如图 2-80 所示。

幕墙：未做网格的预先分化

店面：网格分化较大

外部玻璃：网格分化较小，与常规窗玻璃相当

图　2-80

幕墙的竖梃样式、网格分割形式、嵌板样式及定位关系皆可修改。

（1）绘制幕墙。在 Revit 中玻璃幕墙是一种墙类型，可以像绘制基本墙那样绘制幕墙。选择【建筑】选项卡，单击【构建】面板下的【墙】按钮，从类型选择器中选择幕墙类型，将基本墙转换成幕墙，如图 2-81 所示。

（2）图元属性修改。对于外部玻璃和店面类型幕墙，可用参数控制幕墙网格的布局模式、网格的间距值，以及对齐、旋转角度和偏移值。选择幕墙，自动激活【修改墙】选项卡，在【属性】窗口可以编辑该幕墙的实例参数，单击【编辑类型】按钮，弹出幕墙的【类型属性】对话框，编辑幕墙的类型参数，如图 2-82 所示。

图　2-81

图　2-82

（3）手工修改。可手动调整幕墙网格间距：选择幕墙网格（按 <Tab> 键切换选择），单击开锁标记即可修改网格临时尺寸，如图 2-83 所示。

（4）编辑立面轮廓。选择幕墙，自动激活【修改墙】选项卡，单击【修改墙】面板下的【编辑轮廓】按钮，即可像基本墙那样任意编辑其立面轮廓。

（5）绘制幕墙网格与竖梃。选择【建筑】选项卡，单击【构建】面板下的【幕墙网格】按钮，可以整体分割或局部细分幕墙嵌板（图 2-84）。

1）【全部分段】：单击后添加整条网格线。

2）【一段】：单击后添加一段网格线细分嵌板。

3）【除拾取外的全部】：单击后先添加一条红色的整条网格线；再单击某段，删除其余的嵌板添加网格线。

在【构建】面板的【竖梃】中选择竖梃类型，再执行合适的创建命令拾取网格线添加竖梃，如图 2-85 所示。

（6）替换门窗。可以将幕墙玻璃嵌板替换为门或窗（必须使用带有"幕墙"字样的门窗族来替换，此类门窗族是使用幕墙嵌板的族样板来制作的，与常规门窗族不同）：将光标放在要替换的幕墙嵌板边沿，使用 <Tab> 键切换选择至幕墙嵌板（观察屏幕下方的状态栏），选中幕墙嵌板后，自动激活【修改墙】选项卡，单击【图元】面板下【图元属性】按钮，单击编辑类型，弹出嵌板的【类型属性】对话框，可在【族】下拉列表中直接替换现有幕墙窗或门，如果没有，可单击【载入】按钮从库中载入，如图 2-86 所示。

图　2-83

图　2-84　　　　　　　　　图　2-85

　　　　　注意：幕墙嵌板可以用 <Tab> 键切换选择，幕墙嵌板可替换为【门窗】【百叶】【墙体】【空】。

图 2-86

（7）嵌入墙。基本墙和常规幕墙可以互相嵌入（当幕墙属性对话框中【自动嵌入】为勾选状态时）；执行【墙】命令在墙体中绘制幕墙，绘制幕墙时系统会自动剪切墙，就像插入门窗那样；选择幕墙嵌板的方法同上，从类型选择器中选择基本墙的类型，可将幕墙嵌板替换成基本墙，如图 2-87 所示。

基本墙替换嵌板   幕墙自动嵌入基本墙

图 2-87

也可以将嵌板替换为【空】或【实体】。

2. 幕墙系统

幕墙系统是一种构件，由嵌板、幕墙网格和竖梃组成，通过选择体量图元面，可以创建幕墙系统。在创建幕墙系统之后，可以使用与幕墙相同的方法添加幕墙网格和竖梃。

对于一些异型幕墙，选择【建筑】选项卡，然后单击【构建】面板下的【幕墙系统】按钮，拾取体量图元的面及常规模型可创建幕墙系统，然后用【幕墙网格】细分后添加竖梃。

> ▲ **注意**：拾取常规模型的面生成幕墙系统，指的是内建族中的族类别为常规模型的内建模型。其创建方法为：在【构建】面板中执行【构件】→【内建模型】命令，设置族类别为【常规模型】，即可创建模型。

2.4.3　墙饰条

1. 创建墙饰条

（1）在已经建好的墙体上添加墙饰条时，可以在三维视图或立面视图中为墙添加墙饰条。要为某种类型的所有墙添加墙饰条，可以在墙的类型属性中修改墙结构。

（2）选择【建筑】选项卡，在【构建】面板的【墙】下拉列表中选择【墙饰条】选项。

（3）选择【修改放置墙饰条】选项，在【放置】面板中选择墙饰条的方向：【水平】或【垂直】。

（4）将光标移动到墙上以高亮显示墙饰条位置，单击以放置墙饰条。

（5）如果需要，可以为相邻墙体添加墙饰条。

（6）要在不同的位置放置墙饰条，可选择【修改放置墙饰条】选项卡，单击【放置】（重新放置墙饰条）。将光标移到墙上所需的位置，单击以放置墙饰条。

（7）要完成墙饰条的放置，可单击【修改】按钮，如图 2-88 所示。

图　2-88

　　2. 添加分隔缝

（1）打开三维视图或不平行立面视图。

（2）选择【建筑】选项卡，在【构建】面板中的【墙】下拉列表中选择【分隔条】选项，如图 2-89 所示。

图　2-89

（3）在类型选择器（位于【属性】选项板顶部）中选择所需的墙分隔条的类型。

（4）选择【修改放置墙分隔条】下的【放置】，并选择墙分隔条的方向：【水平】或【垂直】。

（5）将光标移动到墙上以高亮显示墙分隔条位置，单击以放置分隔条。

（6）Revit 会在各相邻墙体上预选分隔条的位置。

（7）要完成对墙分隔条的放置，单击视图中墙以外的位置。

2.5　门窗

　　在三维模型中，门窗的模型与它们的平面表达并不是对应的剖切关系，这说明门窗模型与平面表达可以相对独立。此外，门窗在项目中可以通过修改类型参数（如门窗的宽和高，以及材质等），形成新的门窗类型。门窗主体为墙体，门窗对墙具有依附关系，删除墙体，门窗也随之被删除。

　　在门窗构件的应用中，其插入点，在平面图、立面图、剖面图中的表达，可见性控制等都和门窗族的参数设置有关。所以，不仅需要了解门窗构件族的参数修改，还需要在未来的族制作课程中深入了解门窗族制作的原理。

放置门

2.5.1　插入门窗

　　门窗插入技巧：只需在大致位置插入，然后通过修改临时尺寸标注或尺寸标注来精确定位即可，因为在 Revit 中具有尺寸和对象相关联的特点。

　　选择【建筑】选项卡，然后在【构建】面板中单击【门】或【窗】按钮，在类型选择器中选择所需的门窗类型，如果需要更多的门窗类型，可从【插入】【载入族】中寻找。先选定楼层平面，再到选项栏中选择【在放置时进行标记】自动标记门窗，选择【引线】可设置引线长度，如图 2-90 所示。在墙主体上移动光标，当门窗位于正确的位置时单击确定，完成门窗的插入。

图　2-90

💡　**提示：**

　　（1）插入门窗时输入"SM"，系统自动捕捉中点插入。

　　（2）插入门窗时在墙内外移动光标可改变门窗的开启方向，按〈空格〉键可改变门窗的左右开启方向。

　　（3）拾取主体：选择【门】，打开【修改门】的上下文功能区选项卡，选择【主体】面板的【拾取新主体】命令，可以更换放置门的主体，可以把门放置到其他墙上。

　　（4）在平面插入窗，其窗台高为【默认窗台高】参数值。在立面上，可以在任意位置插入窗。插入窗族时，立面出现绿色虚线，此时窗台高为【默认窗台高】参数值。

2.5.2　门窗编辑

放置窗

　　（1）修改门窗实例参数。选择门窗，自动激活【修改门/窗】选项卡，单击【图元】面板中的【图元属性】按钮，弹出【图元属性】对话框，可以修改所选门窗的标高、底高度等实例参数。

　　（2）修改门窗类型参数。选择门窗，自动激活【修改门/窗】选项卡，在【图元】面板中选择【图元属性】命令，弹出【图元属性】对话框，单击【编辑类型】按钮，弹出【类型属性】对话框，然后再单击【复制】按钮创建新的门窗类型，修改门窗的高度、宽度，窗台高度，框架、玻璃材质，竖梃等类型参数。

提示：修改窗的实例参数中的底高度，实际上也就修改了窗台高度。在窗的类型参数中通常有默认窗台高的参数值。

修改了类型参数中默认窗台高的参数值，只会影响随后再插入的窗台的窗台高度，对之前插入的窗户的窗台高度不产生影响。

（3）鼠标控制。选择门窗，画面中出现方向控制提示和临时尺寸，分别单击后可改变门窗的开启方向和位置尺寸。

用光标拖曳门窗改变门窗位置，墙体洞口会自动修复，开启新的洞口，如图 2-91 所示。

图　2-91

2.5.3　整合应用技巧

1. 复制门窗时约束选项的应用

选择门窗，单击【修改】面板中的【复制】命令，在选项栏中勾选【约束】，则可使门窗沿着与其垂直或共线的方向复制。若取消勾选【约束】，则在任意方向复制，如图 2-92 所示。

图　2-92

2. 图例视图——门窗分格立面

方法一，单击【视图】选项卡中的【创建】面板中的【图例】下拉按钮，选择【图例】并单击，弹出【新图例视图】对话框，输入名称、比例，单击【确定】按钮，创建图例视图，如图 2-93a 所示。

插入窗族图例：进入刚刚创建的图例视图，单击【注释】选项卡中的【详图】面板下的【构件】下拉按钮，选择【图例构件】并单击，在选项栏中选择相应的【族】,【视图】中选择【立面：前】，在视图中的合适位置单击即可创建门窗分格立面。也可在【视图】中选择【楼层平面】，在视图中单击创建平面图例，如图 2-93b、c 所示。

方法二，在【项目浏览器】中展开【族】目录，选择窗族实例，直接拖曳到图例视图中即可。

a)

b)

c)

图   2-93

3. 窗族的宽、高为实例参数时的应用

选择【窗】，单击【族】面板中的【编辑族】命令，进入族编辑模式。进入【楼板线】视图，选择【宽度】尺寸标签参数，在选项栏中勾选【实例参数】；此时，【宽度】尺寸标签参数改为实例参数，如图 2-94 所示。同理，可将【高度】尺寸标签参数改为实例参数。载入项目，在墙体中插入窗，可任意修改窗的宽度和高度，如图 2-95 所示。

图   2-94

图　2-95

2.6　楼板

楼板的创建可以通过在体量设计中设置楼层面生成面楼板；也可以直接绘制完成。在 Revit 中，楼板可以设置构造层。默认的楼层标高为楼板的面层标高，即建筑标高。在楼板编辑中，不仅可以编辑楼板的平面形状、开洞口和楼板坡度等，还可以通过【修改子图元】命令修改楼板的空间形状，设置楼板的构造层找坡，实现楼板的内排水和有组织排水的分水线建模绘制。此外，对于自动扶梯、电梯基坑、排水沟等与楼板相关的构件建模与绘图，软件还提供了【楼板的公制常规模型】的族样板，方便用户自行定制。

绘制地面板

2.6.1　创建楼板

1. 拾取墙与绘制楼板

单击【建筑】选项卡下的【构建】面板中的【楼板】命令，进入绘制轮廓草图模式，此时自动跳转到【创建楼层边界】选项卡，单击【拾取墙】命令，在选项栏中单击

偏移：0.0　☑延伸到墙中(至核心层)　指定楼板边缘的偏移量，同时勾选【延伸到墙中（至核心层）】，拾取墙时将拾取到有涂层和构造层的复合墙的核心边界位置。使用 <Tab> 键切换选择，可一次选中所有外墙，单击后生成楼板边界，如出现交叉线条，使用【修剪】命令编辑成封闭的楼板轮廓，或者单击【线】命令，用线绘制工具绘制封闭的楼板轮廓。完成草图的绘制后，单击【完成楼板】。创建后的楼板如图 2-96 所示。

图　2-96

选择楼板边缘，进入【修改楼板】界面，选择【编辑边界】命令，可修改楼板边界：单击【编辑边界】，进入绘制轮廓草图模式，单击绘制面板下的【边界线】【直线】命令，进行楼板边界的修改，可修改成非常规轮廓，如图 2-97 所示。

图　2-97

使用【修改】面板中的【×】删除多余线段，单击图形完成绘制，如图 2-98 所示。

图　2-98

2. 楼板坡度箭头的绘制

在绘制楼板草图时，执行【坡度箭头】命令绘制坡度箭头，在属性控制面板下设置【尾高度偏移】或【坡度】，单击【确定】按钮，完成绘制，如图 2-99 所示。

图　2-99

2.6.2　楼板的编辑

1. 图元属性修改

选择楼板，自动激活【修改楼板】选项卡，在【属性】对话框中单击【编辑类型】命令，弹出【类型属性】对话框，选择左下角【预览】图标，修改类型属性，如图 2-100 所示。

a)

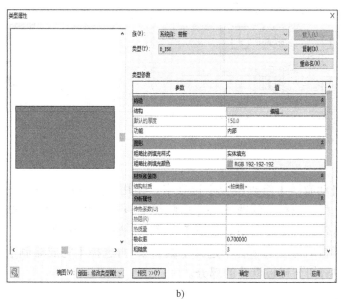

b)

图　2-100

2. 楼板洞口

选择楼板，单击【编辑】面板下的【编辑边界】命令，进入绘制楼板轮廓草图模式，绘制楼板洞口；或在创建楼板时，在楼板轮廓以内直接绘制洞口闭合轮廓。完成绘制的楼板洞口如图 2-101 所示。

图　2-101

3. 处理剖面图中楼板与墙的关系

在 Revit 中直接生成剖面图时，楼板与墙会有空隙，先画楼板后画墙可以避免此问题；也可以利用【修改】选项卡中【编辑几何图形】面板下的【连接几何图形】命令来连接楼板和墙，如图 2-102 所示。

图　2-102

4. 复制楼板

选择楼板，自动激活【修改楼板】选项卡，使用【剪贴板】面板下的【复制】命令，将楼板复制到剪贴板，执行【修改】→【剪贴板】→【粘贴】→【与选定的标高对齐】命令，选择目标标高名称，楼板自动复制到所有楼层，如图 2-103 所示。

选择复制的楼板后可在选项栏中选择【编辑】，再选择【完成绘制】，即可出现一个对话框，提示从墙中剪切与楼板重叠的部分。

2.6.3　楼板边处理

单击【建筑】选项卡下【构建】面板中的【楼板】的下拉按钮，有【建筑楼板】【结构楼板】【面楼板】【楼板边】4 个命令，如图 2-104 所示。

添加楼板边：执行【楼板边】命令，单击选择楼板的边缘，完成添加，如图 2-105 所示。

图　2-103

图　2-104

a)　　　　　　　　　　b)

c)　　　　　　　　　　d)

图　2-105

单击楼板边可出现【属性】对话框,可修改【垂直轮廓偏移】与【水平轮廓偏移】等数值,单击【编辑类型】按钮,可以在弹出的【类型属性】对话框中修改楼板边的【轮廓】,如图 2-106 所示。

图　2-106

2.6.4　整合应用技巧

1. 创建阳台、雨篷与卫生间楼板

创建阳台、雨篷时使用【楼板】工具，在绘制完成后，单击【楼板属性】工具，在弹出的【属性】对话框中，在【限制条件】下的【自标高的高度偏移】一栏中修改偏移值，如图 2-107 所示。

图　2-107

注意：卫生间楼板与室内其他区域相比应该偏低，所以在绘制卫生间内的楼板后应调整其偏移值，调整方法同上。

2. 楼板点编辑、楼板找坡层设置

选择楼板，单击自动弹出的【修改楼板】上下文功能区选项卡，单击【修改子图元】工具，楼板进入点编辑状态（图 2-108）。单击【添加点】工具，然后在楼板需要添加控制点的地方单击，楼板将会增加控制点。单击【修改子图元】工具，再单击需要修改的点，在点的左上方会出现一个数值，如图 2-109 所示。该数值表示偏离楼板的相对标高的距离，可以通过修改其数值使该点高出或低于楼板的相对标高。

图　2-108

图　2-109

【形状编辑】面板中还有【添加分割线】【拾取支座】【重设形状】等命令。【添加分割线】命令可以将楼板分为多块，以实现更加灵活的调节（图 2-110）;【拾取支座】命令用于定义分割线，并在选择梁时为楼板创建恒定承重线；单击【重设形状】命令可以使图形恢复原来的形状。

当楼层需要做找坡层或做内排水时，需要在面层上做坡度。选择楼层，单击【图元属性】下拉按钮，选择【类型属性】，单击【结构】栏下的【编辑】，在弹出的【编辑部件】对话框中勾选【面层 1［4］】后的【可变】选项，如图 2-111 所示。

这时，如果楼板进入点编辑状态，只有楼板的面层会变化，结构层不会变化，如图 2-112 所示。

楼板找坡层的设置：单击【形状编辑】面板中的

图　2-110

【添加分割线】命令，在楼板的中线处绘制分割线，单击【修改子图元】工具，修改分割线两端端点的偏移值（即坡度高低差），效果如图 2-112 所示。

内排水的设置：单击【添加点】工具，在内排水的排水点添加一个控制点，单击【修改子图元】工具，修改控制点的偏移值（即排水高差），如图 2-113 所示。

图　2-111

图　2-112

图　2-113

3. 楼板的建筑标高与结构标高

　　楼板包括结构层与面层，建筑标高是指到楼板面层的高度值，结构标高是指到楼板结构层的高度值，两者之间有一个面层的差值。在 Revit 中标高默认为建筑标高。屋面层楼板的建筑标高与结构标高是一样的，所以屋面层楼板需要向上偏移一个面层的高度。

2.7 屋顶

屋顶是建筑的重要组成部分，在 Revit 中提供了多种屋顶建模工具，如迹线屋顶、拉伸屋顶、面屋顶、玻璃斜窗等。此外，对于一些特殊造型的屋顶，还可以通过内建模型的工具来创建。

1. 迹线屋顶

（1）创建迹线屋顶（坡屋顶、平屋顶）。在【建筑】面板的【屋顶】下拉列表中选择【迹线屋顶】选项，进入绘制屋顶轮廓草图模式。此时，自动跳转到【创建楼层边界】选项卡，单击【绘制】面板下的【拾取墙】按钮，在选项栏中勾选【定义坡度】复选框，指定楼板边缘的偏移量，同时勾选【延伸到墙中（至核心层）】复选框，拾取墙时将拾取到有涂层和构造层的复合墙体的核心边界位置，如图 2-114 所示。

图　2-114

按 <Tab> 键切换选择，可一次选中所有外墙，单击后生成屋顶边界，如出现交叉线条，执行【修剪】命令编辑成封闭的屋顶轮廓，或者执行【线】命令，用线绘制工具绘制封闭的轮廓。

需要注意的是，如取消勾选【定义坡度】复选框，则会生成平屋顶。完成后的迹线屋顶如图 2-115 所示。

图　2-115

（2）创建圆锥屋顶。在【建筑】面板的【屋顶】下拉列表中选择【迹线屋顶】选项，进入绘制屋顶轮廓草图模式。

打开【属性】对话框，可以修改屋顶属性，如图2-116所示。执行【拾取墙】或【线】【起点-终点-半径弧】命令绘制有圆弧线条的封闭轮廓线；选择轮廓线，在选项栏勾选【定义坡度】复选框，"⌐"符号将出现在轮廓线上方，单击角度数值设置屋面坡度。完成后的圆锥屋顶如图2-117所示。

（3）四面双坡屋顶。在【建筑】面板的【屋顶】下拉列表中选择【迹线屋顶】选项，进入绘制屋顶轮廓草图模式。

在选项栏取消勾选【定义坡度】复选框，执行【拾取墙】或【线】命令绘制矩形轮廓。

选择【参照平面】绘制参照平面，调整临时尺寸使左、右参照平面间距等于矩形宽度。

在【修改】栏选择【拆分图元】选项，在右边参照平面处单击，将矩形长边分为两段。选择坡度箭头添加坡度箭头，选择【修改屋顶】→【编辑迹线】选项卡，单击【绘制】面板中的【属性】按钮，设置坡度属性。完成后的四面双坡屋顶如图2-118所示。

图 2-116

图 2-117

图 2-118

需要注意的是，单坡度箭头可在【属性】中选择尾高和坡度，如图 2-119 所示。

图　2-119

（4）双重斜坡屋顶（【截断标高】命令的应用）。在【建筑】面板的【屋顶】下拉列表中选择【迹线屋顶】选项，进入绘制屋顶轮廓草图模式。

执行【拾取墙】或【线】命令绘制屋顶，在属性面板中设置【截断标高】和【截断偏移】，如图 2-120 所示。单击图形完成绘制，如图 2-121 所示。

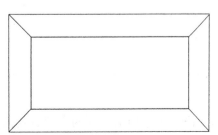

图　2-120

用【迹线屋顶】命令在第一层屋顶洞口边线处绘制第二层屋顶。如果两层屋顶的坡度相同，在【修改】选项卡的【编辑几何图形】中选择【连接／取消连接屋顶】选项，连接两个屋顶，隐藏屋顶的连接线，如图 2-122 所示。

图 2-121

图 2-122

（5）编辑迹线屋顶。选择迹线屋顶，单击屋顶，进入修改模式，单击【编辑迹线】按钮，修改屋顶轮廓草图，完成屋顶设置。

属性修改：在【属性】对话框中可修改所选屋顶的标高、偏移量、椽截面、坡度等；在【类型属性】中可以设置屋顶的构造（结构、材质、厚度）、图形等，如图 2-123 所示。

图 2-123

选择【修改】选项卡下面的【编辑几何图形】中的【连接／取消连接屋顶】选项，连接屋顶到另一个屋顶或墙上，如图 2-124 所示。

对于从平面上不能创建的屋顶，可以从立面上拉伸屋顶创建模型，如图 2-125 所示。

图　2-124　　　　　　　　　　　　　　　　　图　2-125

1）创建拉伸屋顶。在【建筑】面板中单击【屋顶】下拉按钮，在弹出的下拉列表中选择【拉伸屋顶】选项，进入绘制轮廓草图模式。

在【工作平面】对话框中设置工作平面（选择参照平面或轴网绘制屋顶截面线），选择工作视图（将立面图、框架立面图、剖面图或三维视图作为操作视图）。

在【屋顶参照标高和偏移】对话框中选择屋顶的基准标高，如图 2-126 所示。

a)

b)　　　　　　　　　　　　　　　　　c)

图　2-126

绘制屋顶的截面线（单线绘制，无须闭合），单击 ↗ 设置拉伸屋顶的起点、终点、半径，完成绘制，如图 2-127 所示。单击图形完成绘制，如图 2-128 所示。

图　2-127　　　　　　　　　　　　　　　　图　2-128

2）框架立面的生成。创建拉伸屋顶时经常需要创建一个框架立面，以便于绘制屋顶的截面线。

选择【视图】选项卡，在【创建】面板的【立面】下拉列表中选择【框架立面】选项，选择轴网或命名的参照平面，放置立面符号，【项目浏览器】中自动生成一个"立面1-a"视图，如图 2-129 所示。

图　2-129

3）编辑拉伸屋顶。选择拉伸屋顶，单击选项栏中的【编辑轮廓】按钮，修改屋顶草图，完成屋顶。

属性修改：修改所选屋顶的标高，拉伸起点、终点，椽截面等实例参数；在【类型属性】中可以设置屋顶的构造（结构、材质、厚度）、图形等。

2. 面屋顶

单击【建筑】面板中的【屋顶】下拉按钮，在弹出的下拉列表中选择【面屋顶】选项，进入【放置面屋顶】选项卡，拾取体量图元或常规模型族的面生成屋顶。

选择需要放置的体量面，可在【属性】中设置其屋顶的相应属性，可在类型选择器中直接设置屋顶类型，最后单击【创建屋顶】按钮完成面屋顶的创建，如需其他操作需单击【修改】按钮后恢复正常状态，如图 2-130 所示。

3. 玻璃斜窗

单击【建筑】面板下的【屋顶】选项，在左侧属性栏中的类型选择器下拉列表中选择【玻璃斜窗】选项，完成绘制。

图　2-130

单击【建筑】选项卡中【构建】面板下的【幕墙网格】按钮分割玻璃，用【竖梃】命令添加竖梃，完成后的玻璃斜窗如图 2-131 所示。

图　2-131

4. 特殊屋顶

对于造型比较独特、复杂的屋顶，可以自行创建屋顶族。

选择【建筑】选项卡，在【创建】面板下的【构件】下拉列表中选择【内建模型】选项，在【族类别和族参数】对话框中选择族类别【屋顶】（图 2-132），输入名称进入创建族模式。

图　2-132

执行【形状】下拉列表中对应的【拉伸】【融合】【旋转】【放样】【放样融合】命令创建三维实体和洞口。

单击【完成模型】按钮，完成特殊屋顶的创建。

> ⚠ **注意**：由于内建模型会影响项目的大小及运行速度，建议少用内建模型。

2.8 柱、梁和结构构件

结构构件与建筑安全息息相关，本节主要讲述柱的创建、梁的创建、添加结构支撑，使读者了解建筑柱和结构柱的应用方法及区别。根据项目需要，某些时候需要创建梁系统和支架，比如对楼层净高产生影响的大梁等。一般可以在剖面图上执行二维填充命令来绘制梁的剖面图，但对精度不做要求。

2.8.1　柱的创建

1. 结构柱

（1）添加结构柱。

1）单击【建筑】选项卡下面的【构建】面板中的【柱】下拉按钮，在弹出的下拉列表中选择【结构柱】选项。

创建结构柱

2）从类型选择器中选择柱子的尺寸、规格；如没有，则单击【类型属性】按钮 ，弹出【类型属性】对话框，编辑柱子属性，执行【编辑类型】→【复制】命令，创建新的尺寸、规格，修改长度、宽度尺寸参数。

3）如没有需要的柱子类型，则选择【插入】选项卡，从【从库中载入】面板的【载入族】工具中打开相应族库，载入族文件，单击插入点插入柱子。

4）在结构柱的【类型属性】对话框中，设置柱子高度尺寸。

5）单击【结构柱】，执行轴网交点命令（【放置结构柱】→【在轴网处】），如图 2-133 所示；然后从右下向左上交叉框选轴网的交点，单击【完成】按钮，完成绘图。

（2）编辑结构柱。在柱的【属性】对话框中可以调整柱的顶部、底部标高，顶部、底部偏移，是否随轴网移动，是否设为房间边界及柱子的材质；单击【编辑类型】按钮，在弹出的【类型属性】对话框中设置长度、宽度参数，如图 2-134 所示。

图　2-133

2. 建筑柱

（1）添加建筑柱。从类型选择器中选择建筑柱的尺寸、规格；如没有，则单击【图元属性】按钮，弹出【属性】对话框，编辑柱子属性，执行【编辑类型】→【复制】命令，创建新的尺寸、规格，修改长度、宽度尺寸参数。

如没有需要的柱子类型，则选择【插入】选项卡，从【从库中载入】面板的【载入族】工具中打开相应族库，载入族文件，单击插入点插入柱子。

（2）编辑建筑柱。在柱的【属性】对话框中可以调整柱的顶部、底部标高，顶部、底部偏移，是否随轴网移动，是否设为房间边界；单击【编辑类型】按钮，在弹出的【类型属性】对话框中设置柱子的图形、材质和装饰、尺寸标注，如图 2-135 所示。

💡 **提示**：建筑柱的属性与墙体相同，修改【粗略比例填充样式】只能影响没有与墙相交的建筑柱。

⚠ **建议**：建筑柱适用于砖混结构中的墙垛、墙上突出等结构。

图　2-134

图　2-135

2.8.2　梁的创建

1. 常规梁

（1）选择【结构】选项卡，单击【结构】面板中的【梁】按钮，从属性栏的下拉列表中选择需要的梁类型；如没有，可从库中载入。

（2）在选项栏中选择梁的放置平面，从【结构用途】下拉列表中选择梁的结构用途参数或让其处于自动设置状态。结构用途参数可以包括在结构框架明细表中，这样用户便可以计算大梁、托梁、檩条和水平支撑的数量。

绘制梁构件

（3）使用【三维捕捉】命令，通过捕捉任何视图中的其他结构图元，可以创建新梁，这表示用户可以在当前工作平面之外绘制梁和支撑。例如，在启用了【三维捕捉】命令之后，不论高程如何，屋顶梁都将捕捉到柱的顶部。

（4）要绘制多段连接的梁，可勾选选项栏中的【链】复选框，如图 2-136 所示。

图　2-136

（5）单击图面中的起点和终点来绘制梁，当绘制梁时，光标会捕捉其他结构图元。

（6）也可执行【轴网】命令拾取轴线，或框选、交叉框选轴线，单击【完成】按钮，系统自动在柱、结构墙和其他梁之间放置梁。

2. 梁系统

梁系统可创建多个平行的等距梁，这些梁可以根据设计中的修改进行参数化调整，如图 2-137 所示。

（1）打开一个平面视图，选择【结构】选项卡，在【结构】面板中单击【梁系统】按钮，进入定义梁系统边界草图模式。

（2）执行【绘制】中的【边界线】【拾取线】或【拾取支座】命令（图 2-138），拾取结构梁或结构墙，并锁定其位置，形成一个封闭的轮廓作为梁系统的边界。

图　2-137

图　2-138

（3）也可以用【线】绘制工具，绘制或拾取线条作为梁系统的边界。

（4）如要在梁系统中剪切一个洞口，可用【线】绘制工具在边界内绘制封闭洞口轮廓。

（5）绘制完边界后，可以执行【梁方向】命令选择某边界线作为新的梁方向（默认情况下），拾取的第一个支撑或绘制的第一条边界线为梁方向，如图 2-139 所示。

图　2-139

（6）单击【梁系统属性】按钮，在【属性】对话框中设置此梁在立面上的偏移值并设置在三维视图中显示该构件，设置其布局规则，以及按设置的规则确定相应数值、梁的对齐方式并选择梁的类型，如图 2-140 所示。

图　2-140

3. 编辑梁

（1）操纵柄控制：选择梁，端点位置会出现操纵柄图标，用光标拖曳操纵柄图标调整梁端点的位置。

（2）属性编辑：选择梁，自动激活上下文功能区选项卡中的【修改结构框架】，在【属性】面板中修改梁的实例、类型参数，可改变梁的类型与显示方式。

💡 提示：如果梁的一端位于结构墙上，则【延伸到墙中（至核心层）】参数将显示在选项栏中；如果梁是由承重墙支撑的，则需要勾选此参数；勾选后，梁图形将延伸到承重墙的核心层边界。

2.8.3　添加结构支撑

可以在平面视图或框架立面视图中添加结构支撑，系统会将结构支撑附着到梁和柱上，并根据建筑设计中的修改进行参数化调整。

（1）打开一个框架立面视图或平面视图，选择【结构】选项卡，然后选择【结构】面板中的【支撑】命令。

（2）从类型选择器的下拉列表中选择需要的支撑类型；如没有，可从库中载入。

（3）拾取放置的起点、终点位置，放置支撑，如图 2-141 所示。

图　2-141

> 📢 **注意**：由于软件默认的详细程度为"粗略"，绘制的结构支撑显示为单线，将详细程度改为"精细"就会显示有厚度的支撑。

（4）选择结构支撑，自动激活上下文功能区选项卡中的【修改结构框架】，然后单击【图元】面板中的【类型属性】按钮，弹出【类型属性】对话框，修改其实例、类型参数。

2.9　扶手、楼梯和坡道

本节采用功能命令和案例讲解相结合的方式，详细介绍扶手、楼梯和坡道的创建及编辑方法，并对如何实现无障碍坡道的规范要求进行了细致的讲解，体现了建筑设计的人文关怀。此外，结合案例介绍楼梯和栏杆、扶手的拓展应用的思路是本节的亮点。

2.9.1　扶手

1. 扶手的创建

单击【建筑】选项卡下面的【楼梯坡道】面板中的【栏杆扶手】按钮，进入绘制栏杆、扶手轮廓模式。

用【线】绘制工具绘制连续的扶手轮廓线（楼梯扶手的平段和斜段要分开绘制），单击【完成扶手】按钮创建扶手，如图 2-142 所示。

绘制栏杆

图 2-142

2. 扶手的编辑

（1）选择扶手，然后单击【修改栏杆扶手】选项卡下面的【模式】面板中的【编辑路径】按钮，编辑扶手轮廓线位置。

（2）属性编辑（自定义扶手）：

1）单击【插入】选项卡下面的【从库中载入】面板中的【载入族】按钮，载入需要的扶手、栏杆族。单击【建筑】选项卡下面的【楼梯坡道】面板中的【栏杆扶手】按钮，在【属性】面板中单击【编辑类型】，弹出【类型属性】对话框，编辑类型属性，如图 2-143 所示。

图 2-143

2）单击【扶栏结构】栏对应的【编辑】按钮，弹出【编辑扶手】对话框，编辑扶手结构：插入新扶手或复制现有扶手，设置扶手名称、高度、偏移量、轮廓、材质等参数，调整扶手上下位置，如图 2-144 所示。

图 2-144

3）单击【栏杆位置】栏对应的【编辑】按钮，弹出【编辑栏杆位置】对话框，编辑栏杆位置：设置主样式和支柱的栏杆族、底部及底部偏移、顶部及顶部偏移相对前一栏杆的距离、空间、偏移量等参数。单击【确定】按钮后，按图中样式设置顶部扶栏参数。

3. 扶手连接设置

Revit 允许用户控制扶手的不同连接形式，扶手的类型属性参数包括【斜接】【切线连接】【扶手连接】。

（1）【斜接】。如果两段扶手在平面内成角相交，但没有垂直连接，Revit 既可添加垂直或水平线段进行连接，也可不添加线段保留间隙，这样即可创建连续扶手，且从平台向上延伸的楼梯梯段的起点无法由一个踏板宽度显示，如图 2-145 所示。

图 2-145

（2）【切线连接】。如果两段相切扶手在平面内共线或相切，但没有垂直连接，Revit 既可添加垂直或水平线段进行连接，也可不添加线段保留间隙。这样，即可在修改了平台处扶手高度，或扶手延伸至楼梯末端之外的情况下创建光滑连接，如图 2-146 所示。

图 2-146

（3）【扶手连接】。其包括修剪、结合两种类型。如果要控制单独的扶手接点，可以忽略整体的属性。选择扶手，单击【编辑】面板中的【编辑路径】按钮，进入编辑扶手草图模式，单击【工具】面板下的【编辑连接】按钮，单击需要编辑的连接点，在选项栏的【扶手连接】下拉列表中选择需要的连接类型。

2.9.2 楼梯

绘制楼梯

1. 直梯

（1）执行【梯段】命令创建楼梯。

1）单击【建筑】选项下面的【楼梯坡道】面板中的【楼梯】按钮，进入绘制楼梯草图模式，自动激活【创建楼梯草图】选项卡，单击【绘制】面板下的【梯段】按钮，不做其他设置即可开始绘制楼梯。

2）在【属性】面板中单击【编辑类型】，弹出【类型属性】对话框，创建自己的楼梯样式，设置类型属性参数：踏板、踢面、梯边梁等的位置，高度、厚度尺寸，材质，文字等，单击【确定】按钮完成设置。

3）在【属性】面板中设置楼梯宽度、标高、偏移量等参数，系统自动计算实际的踏步高和踏步数，单击【确定】按钮完成设置。

4）单击【梯段】按钮，捕捉每跑的起点、终点位置绘制梯段，此时应注意梯段草图下方的提示。

5）调整休息平台边界位置，完成绘制，楼梯扶手自动生成，如图 2-147 所示。

图 2-147

💡 提示：

1）绘制梯段时是以梯段中心为定位线来绘制的。

2）根据不同的楼梯形式（单跑、双跑 L 形、双跑 U 形、三跑等）绘制不同数量、位置的参照平面以方便楼梯精确定位，并绘制相应的梯段，如图 2-148 所示。

图　2-148

（2）执行【边界】和【踢面】命令创建楼梯。

1）单击【边界】按钮，分别绘制楼梯踏步和休息平台边界。

注意：踏步和休息平台处的边界线需分段绘制，否则软件将把休息平台当成长踏步来处理。

2）单击【踢面】按钮，绘制楼梯踏步线，此时应注意梯段草图下方的提示，"剩余 0 个"表示楼梯到达预定层高位置，如图 2-149 所示。

提示：对比较规则的异型楼梯，如弧形踏步边界、弧形休息平台楼梯等，可先执行【梯段】命令绘制常规梯段，然后删除原来的直线边界或踢面线，再执行【边界】和【踢面】命令绘制即可，如图 2-150 所示。

图　2-149

图　2-150

2. 弧形楼梯

弧形楼梯的绘制步骤如下：

（1）单击【建筑】选项卡下面的【楼梯坡道】面板中的【楼梯】按钮，进入绘制楼梯草图模式。

（2）选择【属性】→【编辑类型】，创建自己的楼梯样式，设置类型属性参数：踏板、踢面、梯边梁等的高度、厚度尺寸，材质，文字等。

（3）在【属性】中设置楼梯宽度、偏移量等参数，系统自动计算实际的踏步高和踏步数。

（4）绘制中心点、半径、起点位置的参照平面，以便精确定位。

（5）单击【绘制】面板下的【梯段】按钮，选择【中心·端点弧】创建弧形楼梯。

（6）捕捉弧形楼梯梯段的中心点、起点、终点位置绘制梯段，注意梯段草图下方的提示，如有休息平台，应分段绘制梯段，完成楼梯绘制，如图2-151所示。

3. 旋转楼梯

参考弧形楼梯的绘制方法，下面来创建旋转楼梯，步骤如下：

（1）单击【常用】选项卡下面的【楼梯坡道】面板中的【楼梯】按钮，进入绘制楼梯草图模式。

（2）在绘制楼梯草图模式下，选择【属性】→【编辑类型】，执行【复制】命令，创建旋转楼梯，并设置其属性：踏板、踢面、梯边梁等的高度、厚度尺寸，材质，文字等。

（3）在【属性】面板中设置楼梯宽度、偏移量等参数，系统自动计算实际的踏步高和踏步数。

图 2-151

（4）单击【绘制】面板下的【梯段】按钮，选择【中心·端点弧】开始创建旋转楼梯。

（5）捕捉旋转楼梯梯段的中心点、起点、终点位置绘制梯段，如图2-152所示。

图 2-152

注意：绘制旋转楼梯时，中心点到梯段中心点的距离一定要大于或等于楼梯宽度的一半。因为绘制楼梯时一般是以梯段中心线开始绘制的，梯段宽度的默认值一般为 1000mm。所以，旋转楼梯的绘制半径要大于或等于 500mm。

（6）完成楼梯绘制，如图 2-153 所示。

4. 楼梯平面显示控制

（1）首层楼梯绘制完毕，平面显示如图 2-154 所示。按照规范要求，通常要设置它的平面显示。

图 2-153

图 2-154

执行【视图】选项卡下面的【图形】面板中的【可见性／图形】命令。从列表中单击【栏杆扶手】前的【＋】号展开，取消选择【<高于>扶手】【<高于>栏杆扶手截面线】【<高于>顶部扶栏】复选框。从列表中单击【楼梯】前的【＋】号展开，取消勾选【<高于>剪切标记】【<高于>支撑】【<高于>楼梯前缘线】【<高于>踢面线】【<高于>轮廓】复选框，单击【确定】按钮，如图 2-155 所示。

图 2-155

（2）根据设计需要可自由调整视图的投影条件，以满足平面显示要求。单击【视图】选项卡下面的【图形】面板中的【视图属性】按钮，弹出【属性】对话框，单击【范围】选项区域中【视图范围】的【编辑】按钮，弹出【视图范围】对话框。调整【主要范围】

选项区域中【剖切面】的值，修改楼梯平面显示。

注意:【剖切面】的值不能低于【底】的值，也不能高于【顶】的值，如图 2-156 所示。

图 2-156

5. 多层楼梯

当楼层层高相同时，只需要绘制一层楼梯，然后修改【属性】的实例参数【多层顶部标高】的值到相应的标高即可制作多层楼梯，如图 2-157 所示。

图 2-157

> **建议**：多层顶部标高可以设置到顶层标高的下面一层标高，因为顶层的平台栏杆需要特殊处理。设置了【多层顶部标高】参数的各层楼梯仍是一个整体，当修改楼梯和扶手参数后所有楼层楼梯均会自动更新。

2.9.3　坡道

1. 直坡道

（1）单击【建筑】选项卡下面的【楼梯坡道】面板中的【坡道】按钮，进入创建坡道草图模式。

（2）单击【属性】面板中的【编辑类型】按钮，在弹出的【类型属性】对话框中单击【复制】按钮，创建自己的坡道样式，设置类型属性参数：坡道厚度、材质，坡道最大坡度（1/x），结构等，单击【完成坡道】按钮完成设置。

坡道创建

（3）在【属性】面板中设置坡道宽度、底部标高、底部偏移和顶部标高、顶部偏移等参数，系统自动计算坡道长度，如图 2-158 所示。

（4）绘制参照平面，如起跑位置线、休息平台位置、坡道宽度位置。

（5）单击【梯段】按钮，捕捉每跑的起点、终点位置绘制梯段，注意梯段草图下方的提示："×××创建的倾斜坡道，××××剩余"。

（6）单击【完成坡道】按钮，创建坡道，坡道扶手自动生成，如图 2-159 所示。

图　2-158

图　2-159

📢 **注意**:

（1）【顶部标高】和【顶部偏移】属性的默认设置可能会使坡道太长，建议将【顶部标高】和【底部标高】都设置为当前标高，并将【顶部偏移】设置为较低的值。

（2）可以执行【踢面】和【边界】命令绘制特殊坡道，请参考执行【边界】和【踢面】命令创建楼梯的内容。

（3）坡道实体、结构板选项差异：选择坡道，单击【属性】面板下的【编辑类型】按钮，弹出【类型属性】对话框，若设置【其他】参数下的【造型】为【实体】，则如图 2-160a 所示；若设置【其他】参数下的【造型】为【结构板】，则如图 2-160b 所示。

a)   b)

图 2-160

2. 弧形坡道

（1）单击【建筑】选项卡下面的【楼梯坡道】面板中的【坡道】按钮，进入绘制楼梯草图模式。

（2）在【属性】面板中，按如前所述设置坡道的类型、实例参数。

（3）绘制中心点、半径、起点位置的参照平面，以便精确定位。

（4）单击【梯段】按钮，选择选项栏的【中心·端点弧】选项，开始创建弧形坡道。

（5）捕捉弧形坡道梯段的中心点、起点、终点位置绘制弧形梯段，如有休息平台，应分段绘制梯段。

（6）可以删除弧形坡道的原始边界和踢面，并执行【边界】和【踢面】命令绘制新的边界和踢面，创建特殊的弧形坡道。单击【完成坡道】按钮创建弧形坡道，如图 2-161 所示。

图 2-161

2.9.4 整合应用技巧

1. 带楼板翻边的扶手

根据建筑设计规范要求，楼板洞口处的防护栏杆宜设置带楼板翻边的扶手。具体做法：执行【栏杆扶手】命令，单击【扶手属性】，在【类型属性】中的【扶手结构】中，将一个扶手的【轮廓】设置为【楼板翻边】类型的轮廓，再设置扶手轮廓的位置，绘制扶手。

2. 顶层楼梯栏杆的绘制与连接

绘制如图 2-162 所示的楼梯，进入二层平面。

图 2-162

使用 <Tab> 键拾取楼梯内侧扶手，单击【编辑】面板中的【编辑路径】命令，进入扶手草图绘制模式。单击【绘制】面板的【直线】工具，分段绘制扶手，如图 2-163 所示。

📢 **注意**：扶手线一定要单独绘制成段，不能使用【修剪】命令延长原扶手线，如图 2-164 所示为分段的扶手线。

图 2-163

图 2-164

顶层楼梯栏杆绘制的最终结果如图 2-165 所示。

图　2-165

3. 三面坡道族

可以将三面坡道用【公制常规模型 .rft】制作成族文件。

（1）单击应用程序菜单下拉按钮，选择【新建 - 族】，打开【新族 - 选择样板文件】对话框，选择【公制常规模型 .rft】样板文件，打开。

（2）在【参照标高】平面视图中绘制水平参照平面，标注尺寸并添加【坡长】参数。

（3）单击【创建】选项卡中的【形状】面板下的【实心融合】命令，进入创建融合底部边界模式，如图 2-166 所示绘制底部边界，并添加【底部宽度】参数。单击【模式】面板下的【编辑顶部】命令，如图 2-166 所示绘制顶部边界（顶部边界是宽度为 1 的矩形），并添加【顶部宽度】参数。

底部　　　　　　　　　　　　　　　　顶部

图　2-166

进入【参照标高】平面视图，将边缘与参照平面锁定，完成融合，如图 2-166 所示。

4. 中间带坡道楼梯

（1）绘制一个整体式楼梯，将扶手删掉，如图 2-167 所示。

（2）单击应用程序菜单下拉按钮，选择【新建 - 族】，打开【新族 - 选择样板文件】对话框，选择【公制轮廓扶手 .rft】样板文件，打开。在【公制轮廓扶手 .rft】中绘制坡道截面，如图 2-168 所示，载入项目中。

图　2-167

图　2-168

（3）进入 F1 平面视图，单击【建筑】选项卡【楼梯坡道】面板下的【栏杆扶手】命令，进入扶手草图绘制模式。单击【属性】面板下的【编辑类型】按钮，弹出【类型属性】对话框，编辑【类型属性】中的【栏杆位置】和【扶栏结构】，如图 2-169 所示。设置楼梯为主体，并沿着楼梯边缘绘制扶手线，完成扶手。

a)

b)

图　2-169

（4）进入东立面，切换至东立面视图，利用参照平面量取坡道与楼梯间高度，选择坡道，单击【图元属性】下拉按钮，选择【类型属性】，设置【扶手结构】的高度为"–174.0"，如图 2-170 所示。

（5）单击【修改】面板下的【复制】命令，复制整体式楼梯，此时中间带坡道的楼梯绘制完毕，如图 2-171 所示。

图　2-170

图　2-171

5. 整体式楼梯转角踏步的添加技巧

（1）绘制楼梯梯段，在转角处添加踢面，如图 2-172 所示。

图　2-172

（2）选择【楼梯】，单击【属性】下拉按钮，选择【类型属性】，打开【类型属性】对话框，勾选【构造】参数中的【整体浇筑楼梯】。

（3）图 2-173a 中的【螺旋形楼梯底面】的设置提供了两种选择：【阶梯式】【平滑式】。若选择【阶梯式】，可控制踢面表面到底面上相应阶梯的垂直表面的距离；若选择【平滑式】，添加踢面的楼梯底面显示错误，如图 2-173 所示。

a)

b)　　　　　　　　　　　　c)

图　2-173

6. 扶手拓展应用

利用【扶手】的特性，运用【扶手】可绘制围篱、窗的装饰线条、墙贴面等。下面以绘制墙贴面为例进行讲解。

（1）绘制一道墙体作为放置扶手贴面的主体，执行【插入】→【从库中载入族】→

【载入族】命令，载入所需的轮廓族，这么做的目的是便于在绘制扶手时应用轮廓。

（2）执行【建筑】→【楼梯坡道】→【栏杆扶手】命令，使用绘制或拾取的方式沿墙体外边缘创建扶手轮廓线，单击【扶手属性】，在【类型属性】对话框中复制一个扶手类型并命名为"墙贴面"。

（3）单击【栏杆位置】后的【编辑】按钮，在打开的【编辑栏杆位置】对话框中将【主样式】【支柱】全部设为【无】，单击【确定】按钮后退出，如图 2-174 所示。

（4）在扶手的【类型属性】对话框中，单击【扶手结构】后的【编辑】按钮，在打开的【编辑扶手】对话框中的【轮廓】一栏调用刚刚载入的新轮廓，高度值按项目要求进行设置，偏移值设置为"0.0"，并设置其材质，如图 2-174 所示。

图　2-174

c)

图　2-174（续）

　　请读者仔细体会用扶手命令来绘制墙饰条或墙贴面的方法与直接设置墙体的墙饰条这两种方法的差异。

2.10　散水

　　为了保护墙基础不受雨水侵蚀，常在外墙四周将地面做成向外倾斜的坡面，以便将屋面的雨水排至远处，这个坡面称为散水，这是保护房屋基础的有效措施之一。

　　散水可以执行【楼板】命令进行绘制，调整楼板的【子图元】进行标高调整，如图 2-175 所示。

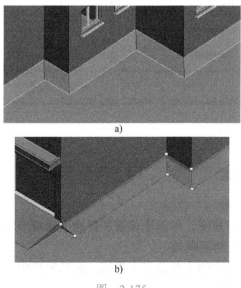

a)

b)

图　2-175

2.11 场地

通过本节的学习，读者将了解场地的相关设置，以及地形表面、场地构件的创建与编辑的基本方法和相关应用技巧。随后，读者将了解如何应用和管理链接文件，以及共享坐标的应用和管理。

2.11.1 场地的设置

单击【体量和场地】选项卡下面的【场地建模】面板中的下拉菜单，弹出【场地设置】对话框，在其中设置等高线间隔值、经过高程、附加等高线、剖面填充样式、基础土层高程、角度显示等参数，如图 2-176 所示。

图 2-176

2.11.2 地形表面的创建

1. 放置点创建地形表面

（1）打开【场地】平面视图，单击【体量和场地】选项卡下面的【场地建模】面板中的【地形表面】按钮，进入绘制模式。

（2）单击【工具】面板中的【放置点】按钮，在选项栏中设置高程值，单击绘图区域放置点，连续放置点生成等高线。

（3）修改高程值，放置其他点。

（4）单击【表面属性】按钮，在弹出的【属性】对话框中设置材质，单击【完成表面】按钮，完成地形表面创建，如图 2-177 所示。

图　2-177

2. 导入地形表面

（1）打开【场地】平面视图，单击【插入】选项卡下面的【导入】面板中的【导入 CAD】按钮，如果有 CAD 格式的三维等高线数据，也可以导入三维等高线数据，如图 2-178 所示。

图　2-178

（2）单击【体量和场地】选项卡下面的【场地建模】面板中的【地形表面】按钮，进入绘制模式。

（3）单击【通过导入创建】下拉按钮，在弹出的下拉列表中选择【选择导入实例】选项，选择已导入的三维等高线数据，如图 2-179 所示，系统会自动生成绘图区域中已导入的三维等高线数据。此时，弹出【从所选图层添加点】对话框，选择要将高程点应用到的图层，并单击【确定】按钮。Revit 会分析已导入的三维等高线数据，并根据沿等高线放置的高程点生成地形表面。单击【地形属性】按钮设置材质，完成地形表面。

图 2-179

3. 地形表面子面域

子面域用于在地形表面定义一个面积。子面域不会定义单独的表面，它可以定义一个面积，用户可以为该面积定义不同的属性，如材质等。要将地形表面分隔成不同的表面，可使用【拆分表面】工具。

（1）单击【体量和场地】选项卡下面的【修改场地】面板中的【子面域】按钮，进入绘制模式，如图 2-180 所示。

图 2-180

（2）单击【线】绘制按钮，绘制子面域边界轮廓线并修剪。

（3）在【属性】栏中设置子面域材质，完成绘制，如图 2-181 所示。

图 2-181

注意：场地不支持表面填充图案。

2.11.3 地形的编辑

1. 拆分表面

将地形表面拆分成两个不同的表面，以便可以独立编辑每个表面。拆分之后，可以将不同的表面分配给这些表面，以便表示道路、湖泊，也可以删除地形表面的一部分。如果要在地形表面框出一个面积，则无须拆分表面，用子面域即可。

场地地形与
道路创建

（1）打开【场地】平面视图或三维视图，单击【体量和场地】选项卡下面的【修改场地】面板中的【拆分表面】按钮，选择要拆分的地形表面，进入绘制模式，如图 2-182 所示。

图 2-182

（2）单击【线】绘制按钮，绘制表面边界轮廓线。

（3）在【属性】栏中设置新表面材质，完成绘制。

2. 合并表面

（1）单击【体量和场地】选项卡下面的【修改场地】面板中的【合并表面】按钮，勾选选项栏中的 ☑ 删除公共边上的点 复选框。

（2）选择要合并的主表面，再选择次表面，两个表面合二为一。

提示：合并后的表面材质，同先前选择的主表面相同。

3. 平整区域

打开【场地】平面视图，单击【体量和场地】选项卡下面的【修改场地】面板中的【平整区域】按钮，在【编辑平整区域】对话框中选择下列选项之一（图 2-183）：

（1）【创建与现有地形表面完全相同的新地形表面】。

（2）【仅基于周界点新建地形表面】。

选择地形表面进入绘制模式，进行添加或删除点、修改点的高程或简化表面等编辑，完成绘制。

图 2-183

注意：场地平整区域后将自动创建新的阶段，所以需要将视图属性中的阶段修改为新构造。

4. 建筑地坪

（1）单击【体量和场地】选项卡下面的【场地建模】面板中的【建筑地坪】按钮，进入绘制模式。

（2）单击【拾取墙】或【线】绘制按钮，绘制封闭的地坪轮廓线。

（3）单击【属性】按钮设置相关参数，完成绘制，如图 2-184 所示。

图 2-184

2.11.4 场地构件

1. 添加场地构件

打开【场地】平面视图，单击【体量和场地】选项卡下面的【场地建模】面板中的【场地构件】选项，在弹出的下拉列表中选择所需的构件，如树木、RPC 格式人物等，单击放置构件。如列表中没有需要的构件，可从库中载入，也可定义自己的场地构件族文件，如图 2-185 所示。

创建建筑地坪与
放置场地构件

图　2-185

2. 停车场构件

打开【场地】平面视图，单击【体量和场地】选项卡下面的【场地建模】面板中的【停车场构件】按钮，在弹出的下拉列表中选择不同类型的停车场构件，单击放置构件。可以用【复制】【阵列】命令放置多个停车场构件。

选择所有停车场构件，然后单击【主体】面板中的【设置主体】按钮，选择地形表面，停车场构件将附着到表面上。

3. 标记等高线

（1）打开【场地】平面视图，单击【体量和场地】选项卡下面的【修改场地】面板中的【标记等高线】按钮，绘制一条和等高线相交的线条，自动生成等高线标签。

（2）选择等高线标签，出现一条亮显的虚线，用光标拖曳虚线的端点控制柄调整虚线位置，等高线标签自动更新。

单元 3 建筑模型案例

实际工程案例的创建过程是对基本技能的综合应用，体现了多专业之间的协同配合，同学们在掌握基本技能的同时，还应懂得团队协作的重要性。另外，实际案例的创建方法也并不唯一，同学们应加强练习，培养举一反三、探索创新的能力。

3.1 绘制标高轴网

3.1.1 新建项目

启动 Revit，默认打开【最近使用的文件】界面，如图 3-1 所示。

图 3-1

项目创建与保存

单击【新建】按钮弹出【新建项目】对话框，单击【浏览】选择样板文件【BIM 基础教程样板文件】，单击【打开】按钮在【新建项目】对话框中单击【确定】按钮新建项目，进入 Revit 绘图操作界面，如图 3-2 所示。单击应用程序菜单按钮 ![icon]，将该项目另存为项目文件

【BIM 基础建模—小别墅】，如图 3-3 所示。

图 3-2

图 3-3

3.1.2　绘制标高

在 Revit 中,【标高】命令在立面视图和剖面视图中才能使用,因此在正式开始项目设计前,必须先打开一个立面视图。

1. 创建标高

在【项目浏览器】中展开【立面】项,双击视图名称【南】进入南立面视图。选择【F2】标高,将标高【F1】与【F2】之间的临时尺寸标注修改为 "3300.0",并按 <Enter> 键完成绘制,如图 3-4 所示。

图　3-4

执行【复制】命令 ,绘制标高【F3】,调整其临时尺寸标注为 "3300.0",如图 3-5 所示。

图　3-5

执行【复制】 命令,创建【F4】和【F5】。选择标高【F3】,单击【修改标高】选项卡下【修改】面板中的【复制】命令,选项栏勾选【约束】和【多个】复选框,如图 3-6 所示。

图　3-6

移动光标在标高【F3】上任意一点单击捕捉该点作为复制参考点,然后竖直向上移动光标,输入间距值 "3300" 后按 <Enter> 键确认复制完成新的标高,如图 3-7 所示。

继续向上移动光标,输入间距值 "4880" 后按 <Enter> 键确认后复制另一条新的标高,如图 3-8 所示。

再执行【复制】命令,创建【CD】和【室外标高】。选择标高【F2】,执行【修改标高】选项卡下【修改】面板中的【复制】命令,选项栏勾选【约束】和【多个】复选框,移动光标在标高【F2】上任意一点单击捕捉该点作为复制参考点,然后竖直向下移动光标,输入间距值 "4050" 后按 <Enter> 键确认复制完成新的标高,如图 3-9 所示。

继续向下移动光标,输入间距值 "1750" 后按 <Enter> 键确认后复制另一条新的标高。分别选择新复制的 2 条标高,双击标高标头,修改其名称分别为 "CD" "室外标高" 后按

<Enter> 键确认，结果如图 3-10 所示。

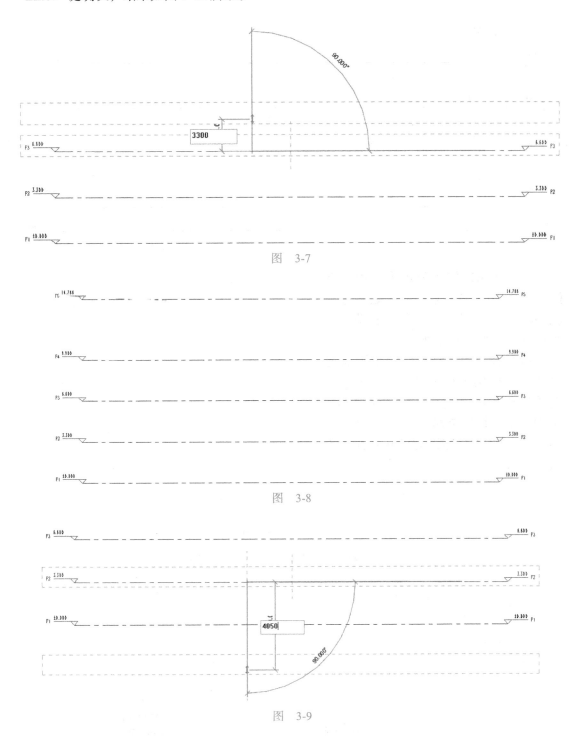

图　3-7

图　3-8

图　3-9

至此，建筑的标高创建完成，保存文件。

2. 编辑标高

接上节内容完成下面的标高编辑。

图 3-10

按住 <Ctrl> 键不放单击选中标高
【CD】，从类型选择器下拉列表中选择
【标高：下标头】类型，标头自动向下
翻转方向，如图 3-11 所示。

执行选项卡【视图】→【平面视
图】→【楼层平面】命令，打开【新
建楼层平面】对话框，如图 3-12 所示。
从列表中选择所有标高，单击【确定】
按钮后，在【项目浏览器】中创建新的
楼层平面。

图 3-11

图 3-12

3.1.3　绘制轴线

下面讲解在平面视图中创建轴线。在 Revit 中轴线只需要在任意一个平面视图中绘制一次，在其他平面视图和立面视图、剖面视图中就能自动显示。

在【项目浏览器】中双击【楼层平面】下的【F1】，打开首层平面视图。执行选项卡【建筑】→【轴网】命令，用【绘制】面板中的命令绘制第一条竖直轴线，如图 3-13 所示，双击轴线的轴号，修改其值为"1"。

图　3-13

选择①号轴线，执行【复制】命令，移动光标在①号轴线上，单击捕捉一点作为复制参考点，然后水平向右移动光标，直接输入数值"3600"后，按 <Enter> 键确认后完成复制②号轴线。保持光标位于新复制的轴线右侧，分别输入"1800""2400""2300""1600""2400""6300"后按 <Enter> 键确认，绘制③～⑧号轴线，如图 3-14 所示。

图　3-14

绘制水平方向轴线。执行选项卡【建筑】→【轴网】命令，创建第一条水平轴线。选择刚创建的水平轴线，将其轴线的轴号修改为"A"，创建Ⓐ号轴线，如图 3-15 所示。

图　3-15

执行【复制】命令，创建Ⓑ～Ⓙ号轴线。移动光标在Ⓐ号轴线上，执行【复制】命令，移动光标在Ⓐ号轴线上单击捕捉任意一点作为复制参考点，然后竖直向上移动光标，保持光标位于新复制的轴线上方，依次输入"2300""1200""1300""3600""2300""1300""1400""2700""900"后，按 <Enter> 键确认完成复制，如图 3-16 所示。

选择Ⓙ号轴线，修改其轴号为"K"，创建Ⓚ号轴线；选择①号轴线，修改其轴号为

"J"，创建⑪号轴线。完成后保存文件，如图 3-17 所示。

<table>
<tr><td>图　3-16</td><td>图　3-17</td></tr>
</table>

3.2　绘制首层墙体

3.2.1　绘制首层外墙

在【项目浏览器】中双击【楼层平面】展开项中的【F1】，打开首层平面视图。执行选项卡【建筑】→【墙】命令，在类型选择器中选择【基本墙：WQ1_200_混凝土砌块】，在【属性】栏设置实例参数【底部限制条件】为【CD】，【底部偏移】为"–150.0"，【顶部约束】为【直到标高：F2】，【顶部偏移】为"0.0"，并设置【定位线】为【墙中心线】，最后单击【应用】按钮完成设置，如图 3-18 所示。

图　3-18

执行【绘制】面板中的【直线】命令,移动光标单击鼠标左键捕捉Ⓚ轴和①轴交点作为绘制墙体的起点,按顺时针方向绘制如图 3-19 所示墙体。

图 3-19

绘制外墙装饰墙,打开首层平面视图。执行选项卡【建筑】→【墙】命令,在类型选择器中选择【基本墙:QZ_40_立砌砖层,藏蓝色】,在【属性】栏设置实例参数【底部限制条件】为【CD】,【底部偏移】为"–150.0",【顶部约束】为【直到标高:F2】,【顶部偏移】为"0.0",并设置【定位线】为【面层面:内部】,最后单击【应用】按钮完成设置,如图 3-20 所示。

图 3-20

执行【绘制】面板中的【直线】命令，移动光标单击鼠标左键捕捉Ⓚ轴和①轴交点作为外墙装饰墙的绘制起点，按顺时针方向绘制如图 3-21 所示墙体。

图　3-21

3.2.2　绘制首层内墙

执行选项卡【建筑】→【墙】命令，在类型选择器中选择【基本墙：NQ1_200_砖，砖坯】，单击【属性】栏，设置实例参数【底部限制条件】为【F1】，【底部偏移】为"0.0"，【顶部约束】为【直到标高：F2】，【顶部偏移】为"0.0"，并设置【定位线】为【墙中心线】，最后单击【应用】按钮完成设置，如图 3-22 所示。然后按图 3-22 所示内墙位置捕捉轴线交点，绘制首层内墙。

调整内墙位置：选择如图 3-23 所示墙体，调整其临时尺寸为"2520.0"，按 <Enter> 键完成。

图　3-22

调整内墙标高：选择如图 3-24 所示墙体，在【属性】面板中修改其实例参数【底部限制条件】为【CD】，【底部偏移】为"–150.0"，最后单击【应用】按钮完成设置。

执行选项卡【建筑】→【墙】命令，在类型选择器中选择【基本墙：NQ2_120_砖，砖坯】，单击【属性】栏，设置实例参数【底部限制条件】为【F1】，【底部偏移】为"0.0"，【顶部约束】为【直到标高：F2】，【顶部偏移】为"0.0"，并设置【定位线】为【墙中心线】，最后单击【应用】按钮完成设置。然后按图 3-25 所示绘制首层内墙。

图 3-23

图 3-24

　　执行【修改】选项卡中的【对齐】命令，调整如图 3-26 所示的墙体，使此内墙的右边线与②号轴线上墙体的右边线对齐。

　　调整内墙标高：单击④号轴线上的墙体，在【属性】栏中，修改其实例参数【底部偏移】为 "–100.0"，【顶部偏移】为 "–250.0"，最后单击【应用】按钮完成设置，如图 3-27所示。

　　完成后的内墙如图 3-28 所示。

图 3-25

图 3-26

图 3-27

图 3-28

3.3　绘制首层门窗

3.3.1　放置首层门

打开【F1】平面视图，执行选项卡【建筑】→【门】命令，在类型选择器中选择【单扇 - 与墙齐：M0921】，设置实例参数【底高度】为"60.0"，如图 3-29 所示。

图　3-29

在【标记】选项栏上选择【在放置时进行标记】，以便对门进行自动标记，如图 3-30 所示。将光标移动到如图 3-31 所示墙的合适位置，单击鼠标左键放置门，修改临时尺寸值为"100"。

图　3-30

同理，在类型选择器中选择【单扇 - 与墙齐：M0921】，设置实例参数【底高度】为"60.0"，按图 3-32 所示位置插入首层墙上。

图 3-31

图 3-32

执行选项卡【建筑】→【门】命令，在类型选择器中分别选择【双扇推拉门-带亮窗：TLM1521】（设置实例参数【底高度】为"60.0"）、【四扇推拉门：TLM4221】（设置

实例参数【底高度】为"60.0"）、【门洞 - 椭圆拱：MD1323】（设置实例参数【底高度】为
"60.0"）、【双面嵌板连窗玻璃门：M2821】（设置实例参数【底高度】为"60.0"）、【滑升
门：JLM3021】（设置实例参数【标高】为【CD】，【底高度】为"150.0"），按图 3-33 所示
位置插入墙中。

图　3-33

选中如图 3-34 所示位置【M0921】，调整其实例参数【底高度】为"–40.0"，单击
【确定】完成设置。

执行【修改】选项卡中的【连接】命令 连接 ，连接如图 3-35 所示的装饰墙，结
果如图 3-36 所示。

图　3-34

图　3-35

图　3-36

完成后的首层门如图 3-37 所示，保存文件。

图　3-37

3.3.2　放置首层窗

打开【F1】平面视图，执行选项卡【建筑】→【窗】命令，在类型选择器中分别选择
【四扇平开窗 - 无亮：C2415】【四扇平开窗 - 无亮：C2418】【四扇平开窗 - 无亮：C1518】【四
扇平开窗 - 无亮：C2712】【双扇平开 - 带贴面：C1212】【双扇平开 - 带贴面：C0912】，按
图 3-38 所示位置，在墙上单击将窗放置在合适位置。

图　3-38

接下来编辑窗台高度。在任意视图中选择【四扇平开窗 - 无亮：C2712】，单击【图元属性】按钮打开【属性】对话框，修改【底高度】值为"860.0"，如图 3-39 所示，最后单击【应用】完成设置。

同理，编辑其他窗的【底高度】：C2415 设为 960mm、C1212 设为 960mm、C0912 设为 800mm、C2418 设为 860mm、C1518 设为 860mm。单击如图 3-40 所示的窗 C1212，调整其实例参数【底高度】为"800.0"。

图　3-39

图　3-40

执行【修改】选项卡中的【连接】命令，连接每扇窗所在墙体的外墙与装饰墙，编辑完成后的首层窗如图 3-41 所示，保存文件。

图　3-41

3.4　绘制首层楼板

双击【项目浏览器】中的【F1】打开首层平面视图。执行【建筑】→【楼板】命令，进入绘图模式，如图 3-42 所示。

图 3-42

选择【绘制】面板，单击【直线】命令，移动光标到任意一条外墙内边线上，沿着外墙内边线创建楼板轮廓线，如图 3-43 所示。

图 3-43

在类型选择器中选择【楼板：LB_150_混凝土】，单击【属性】栏，设置实例参数【标高】为【F1】，最后单击【应用】完成设置，如图 3-44 所示。执行【完成绘制】命令 ✔

完成楼板创建，创建完成的楼板如图 3-45 所示。

图　3-44　　　　　　　　　　　　　　　　　　图　3-45

同理，用同样的步骤绘制另两块楼板轮廓线：对于如图 3-46 所示楼板，在类型选择器中选择【楼板：LB_150_ 混凝土】，单击【属性】栏，设置实例参数【标高】为【F1】，【自标高的高度偏移】为 "–100.0"，如图 3-46 所示；对于如图 3-47 所示楼板，在类型选择器中选择【楼板：LB_150_ 混凝土】，单击【属性】栏，并设置【标高】为【CD】，【自标高的高度偏移】为 "150.0"，最后单击【应用】完成设置，如图 3-47 所示。完成后的首层楼板模型如图 3-48 所示，保存文件。

图　3-46

图　3-47

图　3-48

3.5　放置首层建筑柱

在【项目浏览器】中双击【楼层平面】项目下的【F1】，打开 F1 平面视图。执行【建筑】→【柱】→【建筑柱】命令，在类型选择器中选择【矩形柱：KZ_400×400_混凝土】，如图 3-49 所示。把柱分别放置在④轴与Ⓕ轴的交点处，④轴与Ⓒ轴的交点处，⑦轴与Ⓓ轴的交点处，⑦轴与Ⓕ轴的交点处，如图 3-50 所示。

按住 <Ctrl> 键不放选中所有建筑柱，修改其实例参数【底部标高】为【F1】，【顶部标高】为【F2】，如图 3-51 所示。

执行【修改】→【对齐】命令，使④轴与Ⓒ轴交点处的建筑柱的下边缘与Ⓒ轴墙体装饰墙的上边缘对齐，右边缘与④轴墙体的右边缘对齐，其他建筑柱的位置调整如图 3-52 所示。

完成后的建筑柱如图 3-53 所示，保存文件。

图 3-49

图 3-50

图 3-51

图 3-52

图 3-53

3.6 绘制二层墙体

3.6.1 二层墙体绘制

接上节练习，单击【项目浏览器】下面的【立面】的【南立面】进入视图，框选首层所有构件，如图 3-54 所示。

图 3-54

在构件选择状态下，单击选项栏中的【过滤器】工具，确保只勾选【墙】【柱】【楼板】【窗】【门】，单击【确定】关闭对话框，如图 3-55 所示。

图 3-55

单击【修改】选项卡，执行【剪贴板】面板中的【复制到剪贴板】命令，选择【粘贴】→【与选定的标高对齐】命令，打开【选择标高】对话框，选择【F2】，单击【确定】，如图 3-56 所示。

图 3-56

如出现如图 3-57 所示警告对话框，单击【关闭】按钮，在后面的操作中警告会消除；如出现如图 3-58 所示的对话框，单击【取消连接图元】，完成复制，首层平面图上所有的构件都被复制到二层平面图，如图 3-59 所示。

图 3-57

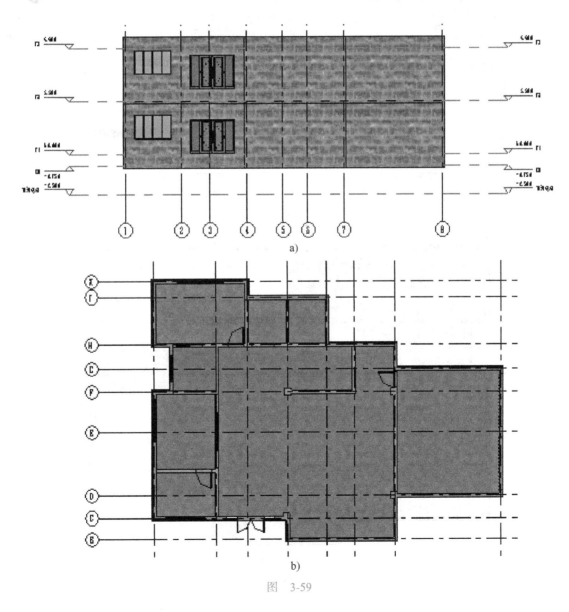

图　3-58

a)

b)

图　3-59

打开【F2】平面视图，执行选项卡【注释】里的【全部标记】命令，弹出【标记所有未标记的对象】对话框，选择【窗标记】，单击【应用】按钮；同理，选择【门标记】，单击【应用】按钮，然后单击【确定】按钮，如图 3-60 所示。

图　3-60

选择如图 3-61 所示的门，按 <Delete> 键删除所选的门。完成后的二层外墙三维模型如图 3-62 所示，保存文件。

图　3-61

图　3-62

3.6.2　编辑二层墙体

1. 编辑二层外墙

接上节练习，切换到二层平面视图，框选二层所有构件，使用【过滤器】选择二层所有墙体，设置其实例参数【底部偏移】为 "0.0"，【顶部偏移】为 "0.0"，最后单击【应用】完成设置，如图 3-63 所示。

选择二层外墙所有的装饰墙，在类型选择器中将墙替换为【基本墙：QZ_40_砖，普通，米黄色】，更新所有装饰墙的类型，如图 3-64 所示。

图 3-63

图 3-64

执行【建筑】→【墙】命令，在类型选择器中选择【基本墙：WQ1_200_混凝土砌块】，在【属性】面板下设置实例参数【底部限制条件】为【F2】，【底部偏移】为"0.0"，【顶部约束】为【未连接】，【无连接高度】为"830.0"，最后单击【应用】完成设置，绘制如图 3-65 所示墙体。

执行【对齐】命令，调整所绘墙体位置，如图 3-66 所示。

2. 编辑二层内墙

选择如图 3-67 所示的墙体，修改实例参数【底部偏移】为"−100.0"，最后单击【应用】完成设置。

图 3-65

图 3-66

图 3-67

执行【建筑】→【墙】命令，在类型选择器中选择【基本墙：NQ1_200_ 砖，砖坯】，在【属性】面板下设置实例参数【底部限制条件】为【F2】，【底部偏移】为 "0.0"，【顶部约束】为【直到标高：F3】，【顶部偏移】为 "0.0"，最后单击【应用】完成设置，绘制如图 3-68 所示墙体。

图　3-68

执行【建筑】→【墙】命令，在类型选择器中选择【基本墙：NQ2_120_ 砖，砖坯】，在【属性】面板下设置实例参数【底部限制条件】为【F2】，【底部偏移】为 "0.0"，【顶部约束】为【直到标高：F3】，【顶部偏移】为 "0.0"，最后单击【应用】完成设置，绘制如图 3-69 所示墙体。绘制过程中可以利用【对齐】【调整临时尺寸】等命令调整墙体的精确位置。

图　3-69

完成后的二层墙体如图 3-70 所示，保存文件。

图 3-70

3.7 插入和编辑二层门窗

1. 插入和编辑门

接前面练习，执行【项目浏览器】→【楼层平面】→鼠标左键双击【2F】进入楼层平面。执行【建筑】→【门】命令，在类型选择器中选择【单扇：M0921】【双扇嵌板玻璃门：M1521】【双扇推拉门 - 带亮窗：TLM1521】，按图 3-71 所示位置移动光标到墙体上单击放置门，并精确定位。

图 3-71

选择如图 3-72 所示的门【M0921】，调整其实例参数【底高度】为 "-40.0"，最后单击【应用】完成设置。二层其余门的【底高度】统一修改为 "60.0"。

图 3-72

2. 插入和编辑窗

执行【建筑】→【窗】命令，在类型选择器中选择【四扇平开窗-无亮：C2415】【三扇平开窗-无亮：C2415】【四扇平开窗-无亮：C1515】，按图 3-73 所示位置移动光标到墙体上单击放置窗，并精确定位。

图 3-73

编辑窗台高：单击如图 3-74 所示的窗【C0912】【C1212】，在【属性】栏中设置实例参数【底高度】为 "750.0"；单击如图 3-74 所示的窗【C2415】，设置实例参数【底高度】为 "860.0"，调整窗户的窗台高。其余位置窗的【底高度】调整为 "960.0"，调整完后保存文件。

图　3-74

3.8 绘制二层楼板

　　利用光标配合 <Ctrl> 键选中所有的楼板，按 <Delete> 键删除所有的楼板。执行【建筑】→【楼板】命令，进入绘图模式，选择【绘制】面板，执行【直线】命令，移动光标到任意一条外装饰墙内边线上，沿着外装饰墙内边线创建楼板轮廓线，如图 3-75 所示。

图　3-75

在类型选择器中选择【楼板：LB_150_混凝土】，单击【属性】栏，设置实例参数【标高】为【F2】，【自标高的高度偏移】为 "0.0"，最后单击【应用】完成设置，如图 3-76 所示。

执行【完成绘制】命令完成楼板创建，弹出如图 3-77 所示的对话框，单击【是】，弹出如图 3-78 所示的对话框，同时所绘制的楼板高亮显示，选择【分离目标】选项，完成楼板绘制。

图　3-76

图　3-77

图　3-78

接上面练习，在【建筑】选项卡中执行【楼板】→【矩形】命令，在类型选择器中选择【楼板：LB_150_混凝土】，修改其实例参数【自标高的高度偏移】为 "–100.0"，绘制如图 3-79 所示两块楼板轮廓。单击【完成】按钮 ✔ 完成轮廓绘制，弹出如图 3-77、图 3-78 所示的对话框，分别选择【是】和【分离目标】，完成楼板绘制。用同样的方法绘制如图 3-80 所示的楼板轮廓，调整其实例参数【自标高的高度偏移】为 "0.0"，单击【完成】按钮 ✔，弹出如图 3-77 所示的对话框，单击【否】，完成楼板绘制。

完成后的楼板如图 3-81 所示，保存文件。

图 3-79

图 3-80

图 3-81

选择【修改】选项卡，单击【拆分图元】命令 ，对墙体进行拆分，如图 3-82 所示。

选择如图 3-83 所示的墙体基墙，修改其实例参数【底部偏移】为 "–100.0"，保存文件。

图 3-82　　　　　　　　　　　　　　　　图 3-83

3.9　编辑二层建筑柱

打开【F2】平面视图，按住 <Ctrl> 键不放选中所有建筑柱，修改其实例参数【底部标高】为【F2】,【顶部标高】为【F3】, 如图 3-84 所示。

图　3-84

3.10 绘制三层墙体

3.10.1 复制二层墙体

绘制三层墙体时，可将二层构件复制到三层，并在此基础上进行修改。单击【项目浏览器】中的【立面】→【南】，进入南立面视图。框选二层所有构件，在构件选择状态下，单击选项栏中的【过滤器】工具，确保勾选【墙】【门】【窗】【楼板】【柱】，单击【确定】关闭对话框，如图 3-85 所示。

图　3-85

执行【复制到粘贴板】命令，然后执行【粘贴】→【与选定的标高对齐】命令，打开【选择标高】对话框，单击选择【F3】，单击【确定】，如图 3-86 所示，弹出如图 3-87 所示的对话框，单击【关闭】按钮。这样，二层平面所有的构件都被复制到三层平面，如图 3-88 所示。

图　3-86

图　3-87

a)

b)

图　3-88

3.10.2　编辑三层外墙

将视图切换到三层平面视图，按住 <Ctrl> 键连续单击如图 3-89 所示的 3 道墙体和楼板，按 <Delete> 键删除。

执行【修改】→【拆分图元】命令，拆分装饰墙和基墙，然后按 <Delete> 键删除如图 3-90 所示的两段装饰墙，同时调整如图 3-91 所示的两段基墙的实例参数【顶部约束】为【未连接】，【无连接高度】为 "900.0"，最后单击【应用】完成设置，弹出如图 3-92 所示对话框，单击【删除实例】按钮。

图　3-89

图　3-90

图　3-91

图　3-92

执行【建筑】→【墙】命令，在类型选择器中选择【基本墙：QZ_40_砖，普通，米黄色】，在【属性】栏设置实例参数【底部限制条件】为【F3】，【顶部约束】为【F4】，【定位线】为【面层面：内部】，最后单击【应用】完成设置。执行【绘制】→【直线】命令，按如图 3-93 所示的位置绘制墙体。

配合 <Ctrl> 键选择如图 3-94 所示的墙体，按 <Delete> 键删除。

执行【建筑】→【墙】命令，在类型选择器中选择【基本墙：WQ1_200_ 混凝土砌块】，在【属性】栏设置实例参数【底部限制条件】为【F3】，【底部偏移】为 "–90.0"，【顶部约束】为【未连接】，【无连接高度】为 "1000.0"，最后单击【应用】完成设置。执行【绘制】→【直线】命令，按如图 3-95 所示的位置绘制墙体。绘制过程中会弹出如图 3-96 所示的【警告】对话框，不需管，继续绘制。

图　3-93　　　　　　　　　　　　　　　　　图　3-94

图　3-95

图　3-96

用同样的方法绘制如图 3-97 所示的装饰墙，在【属性】栏设置实例参数【底部限制条件】为【F3】，【底部偏移】为 "0.0"，【顶部约束】为【直到标高：F4】，【顶部偏移】为 "0.0"，最后单击【应用】完成设置。

图 3-97

完成后的模型如图 3-98 所示,保存文件。

图 3-98

3.11　插入和编辑三层门窗

在【项目浏览器】中的【楼层平面】项目下双击【3F】，进入三层平面视图，删除如图 3-99 所示的门和窗。

图　3-99

执行【建筑】→【门】命令，在类型选择器中选择【单扇 - 与墙齐：M0921】【双扇嵌板玻璃门：M1521】【双扇推拉门 - 带亮窗】，门的实例参数【底高度】统一为"60.0"，按图 3-100 所示位置在墙体上单击放置门，并精确定位。执行【修改】→【连接几何图形】命令，连接门类型【双扇嵌板玻璃门：M1521】【单扇 - 与墙齐：M0921】所在墙体的基墙和装饰墙。

图　3-100

执行【建筑】→【窗】命令，在类型选择器中选择【四扇平开窗 - 无亮：C2415】，调整其实例参数【底高度】为"960.0"，按图 3-101 所示位置在墙体上单击放置窗，并精确定位。

完成后三维图如图 3-102 所示，保存文件。

图　3-101　　　　　　　　　　　　　　　图　3-102

3.12　绘制三层楼板

接下来绘制三层楼板。双击【项目浏览器】中的【F3】打开三层平面视图，选择如图 3-103 所示的两块楼板，按 <Delete> 键删除。

图　3-103

　　在视图中选择如图 3-104 所示三层楼板，单击选项栏中的【编辑边界】按钮或者双击楼板，打开楼板轮廓草图，如图 3-104 所示。

图　3-104

删除④轴右侧的楼板轮廓线,重新执行楼板编辑命令,执行【直线】命令,绘制如图 3-105 所示楼板轮廓。完成轮廓绘制后,在【属性】中确定楼板类型为【LB_150_混凝土】,【自标高的高度偏移】为 "0.0",执行【完成绘制】命令创建楼板,弹出如图 3-106 所示的对话框,单击【是】按钮,弹出如图 3-107 所示的对话框,单击【分离目标】按钮,弹出如图 3-108 所示的对话框,单击【确定】按钮。

图　3-105

图　3-106

图　3-107

图　3-108

选中如图 3-109 所示楼板，双击楼板进入编辑楼板轮廓命令，确定楼板类型为【LB_150_混凝土】，【自标高的高度偏移】为"−100.0"，执行【完成绘制】命令创建楼板，弹出如图3-106所示的对话框，单击【是】按钮，弹出如图3-107所示的对话框，单击【分离目标】按钮，完成楼板绘制。

图　3-109

接上面练习，在【建筑】选项卡中执行【楼板】→【矩形】命令，在类型选择器中选择【LB_150_混凝土】，修改其实例参数【自标高的高度偏移】为"−90.0"，绘制如图 3-110 所示楼板轮廓。

图　3-110

单击【完成】按钮 ✔ 完成轮廓绘制，弹出如图 3-106 所示的对话框，单击【是】按钮，弹出如图 3-107 所示的对话框，单击【分离目标】按钮，完成楼板绘制。

完成的楼板模型如图 3-111 所示，保存文件。

图　3-111

3.13 绘制四层墙体

3.13.1 绘制四层外墙

双击【项目浏览器】中的楼层平面【F4】，打开四层平面视图。执行【建筑】→【墙】命令，在类型选择器中选择【基本墙：WQ1_200_混凝土砌块】，在【属性】栏设置实例参数【定位线】为【墙中心线】,【底部限制条件】为【F4】,【底部偏移】为"0.0",【顶部约束】为【未连接】,【无连接高度】为"2500.0",最后单击【应用】完成设置,如图 3-112 所示。执行【绘制】→【直线】命令,顺时针绘制如图 3-113 所示外墙。

图　3-112

图　3-113

在类型选择器中选择【基本墙:QZ_40_砖,普通,米黄色】,在【属性】栏设置实例参数【定位线】为【面层面:内部】,【底部限制条件】为【F4】,【底部偏移】为"0.0",【顶部约束】为【未连接】,【无连接高度】为"2500.0",最后单击【应用】完成设置。执行【绘制】→【直线】命令,顺时针绘制如图 3-114 所示外装饰墙。

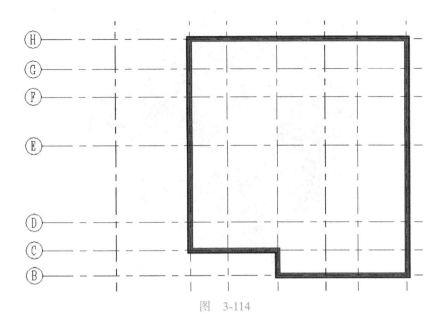

图 3-114

3.13.2 绘制四层内墙

执行【建筑】→【墙】命令，在类型选择器中选择【基本墙：NQ2_120_砖，砖坏】，在【属性】栏设置实例参数【定位线】为【墙中心线】，【底部限制条件】为【F4】，【底部偏移】为"0.0"，【顶部约束】为【未连接】，【无连接高度】为"2500.0"，最后单击【应用】完成设置。执行【绘制】→【直线】命令，绘制如图 3-115 所示内墙，完成后如图 3-116 所示，单击保存。

图 3-115

图　3-116

3.14 绘制四层楼板

双击【项目浏览器】中的楼层平面【F4】，打开四层平面视图。执行【建筑】→【楼板】命令，进入绘图模式，选择【绘制】面板，执行【直线】命令，创建楼板轮廓线，如图 3-117 所示。在类型选择器中选择【LB_150_混凝土】，单击【属性】栏，设置实例参数【标高】为【F4】，最后单击【应用】完成设置。

图　3-117

执行【完成绘制】命令，弹出如图 3-118 所示对话框，单击【是】按钮，弹出如图 3-119 所示的对话框，选择【分离目标】，完成楼板创建，如图 3-120 所示，保存文件。

图　3-118　　　　　　　　　图　3-119

图　3-120

3.15　放置四层建筑柱

在【项目浏览器】中双击【楼层平面】项目下的【F4】，打开 F4 平面视图。执行【建筑】→【柱】→【建筑柱】命令，在类型选择器中选择【矩形柱：KZ_400×400_混凝土】，如图 3-121 所示。把柱分别放置在④轴与Ⓕ轴的交点处，④轴与Ⓒ轴的交点处，⑦轴与Ⓓ轴的交点处，⑦轴与Ⓕ轴的交点处，如图 3-122 所示。

图　3-121

图　3-122

　　按住 <Ctrl> 键不放，选中所有建筑柱，修改其实例参数【底部标高】为【F4】,【顶部标高】为【F5】。执行【修改】→【对齐】命令，使④轴与ⓒ轴交点处的建筑柱的下边缘与ⓒ轴墙体装饰墙的上边缘对齐，右边缘与④轴墙体的右边缘对齐，其他建筑柱的位置调整如图 3-123 所示。

　　完成后的模型如图 3-124 所示，保存文件。

图　3-123　　　　　　　　　　　　　　　　图　3-124

3.16 绘制幕墙

3.16.1 绘制玻璃幕墙

　　玻璃幕墙是现代化建筑中经常使用的一种新型墙体，将建筑美学、建筑功能、建筑节能和建筑结构等因素有机地统一起来。因此，玻璃幕墙的使用范围越来越广。

在【项目浏览器】中双击【楼层平面】项目下的【F3】，打开三层平面视图。执行【建筑】→【墙】命令，在类型选择器中选择【幕墙：MQ01】，单击【编辑类型】，进入【类型属性】对话框，勾选【自动嵌入】，【幕墙嵌板】选择【系统嵌板：玻璃】，如图 3-125 所示。

图　3-125

在【属性】栏设置实例参数【底部限制条件】为【F3】，【底部偏移】为 "–6000.0"，【顶部约束】为【直到标高：F4】，【顶部偏移】为 "–400.0"，最后单击【应用】完成设置，如图 3-126 所示。

图　3-126

设置完参数后，按照与绘制墙同样的方法在④轴与⑦轴之间的墙上单击捕捉两点绘制幕墙,位置如图 3-127 所示。

执行【修改】→【连接几何图形】命令,连接幕墙所在墙体的基墙和装饰墙,完成后如图 3-128 所示。

图 3-127

图 3-128

3.16.2 编辑幕墙轮廓

在【项目浏览器】中双击【立面】下的【南】,进入南立面视图,调整【视觉样式】为【隐藏线】;单击幕墙,执行【修改墙】→【编辑轮廓】命令,进入编辑幕墙轮廓模式,如图 3-129 所示。

图 3-129

执行【绘制】→【直线】命令，绘制两条直线，如图 3-130 所示。

图　3-130

执行【修改】→【拆分图元】命令，单击两条竖线进行拆分，如图 3-131 所示。执行【修改】→【修剪】命令，对轮廓线进行修剪，如图 3-132 所示。

图　3-131

图　3-132

执行【绘制】→【起点 - 终点 - 半径弧】命令，绘制如图 3-133 所示的半圆弧。

图　3-133

删除如图 3-134 所示的轮廓线，并执行【修剪】命令对轮廓线进行修剪，如图 3-135 所示。单击【完成编辑模式】按钮，完成对幕墙轮廓的编辑，如图 3-136 所示。

图　3-134　　　　　　　　　　　　　　　　　　图　3-135

图 3-136

3.16.3 绘制幕墙网格

进入南立面视图，执行【建筑】→【幕墙网格】命令，如图 3-137 所示，进入网格绘制状态，执行【全部分段】命令，在幕墙上绘制网格，横向 6 条，竖向 3 条，尺寸定位如图 3-138 所示。

图 3-137

图 3-138

3.16.4　编辑幕墙网格

进入南立面视图，单击幕墙左侧第一条竖向网格线，在【修改幕墙网格】选项卡里执行【添加 / 删除线段】命令，单击如图 3-139b 所示位置的网格线，删除此位置的网格线。用同样的方法删除其他指定位置的网格线，如图 3-140 所示。

图　3-139　　　　　　　　　　　　　　　图　3-140

3.16.5　添加幕墙竖梃

进入默认的三维视图，执行【建筑】→【竖梃】命令，执行【全部网格线】命令，如图 3-141 所示。

图　3-141

在【属性】面板中的类型选择器中选择竖梃类型为【矩形竖梃：50×150mm】，如图 3-142 所示。

光标指向玻璃幕墙位置，幕墙网格高亮显示，单击鼠标左键放置竖梃，如图 3-143 所示。

图　3-142

图　3-143

完成后的玻璃幕墙如图 3-144 所示，保存文件。

图　3-144

3.16.6　替换幕墙嵌板

打开默认的三维视图，配合 <Tab> 键选择如图 3-145 所示的玻璃嵌板，在类型选择器中选择【门嵌板 _ 单扇平开无框铝门】，替换玻璃嵌板。用同样的方法替换右下角的玻璃嵌板，如图 3-146 所示。

图 3-145   图 3-146

3.17 绘制楼板

  双击【项目浏览器】中的【F1】打开首层平面视图。执行【建筑】→【楼板】命令，进入绘图模式，选择【绘制】面板，单击【直线】命令，沿着墙边线绘制楼板轮廓线，如图 3-147 所示。在类型选择器中选择【楼板：DM_60_软木瓷砖】，单击【属性】栏，设置实例参数【标高】为【F1】，【自标高的高度偏移】为 "60.0"，最后单击【应用】完成设置，如图 3-148 所示。

图 3-147   图 3-148

  执行【完成绘制】命令完成楼板创建，创建完成的楼板如图 3-149 所示。

图 3-149

同理，用同样的步骤绘制图 3-150 所示楼板的轮廓线，在类型选择器中选择【楼板：DM_60_软木瓷砖】，单击【属性】栏，设置实例参数【标高】为【F1】，【自标高的高度偏移】为"60.0"，最后单击【应用】完成设置；执行【完成绘制】命令完成楼板创建，如图 3-150 所示。

图 3-150

用同样的步骤绘制如图 3-151 所示楼板轮廓线，在类型选择器中选择【楼板：DM_60_水磨石】，单击【属性】栏，设置实例参数【标高】为【F1】，【自标高的高度偏移】为"−40.0"，最后单击【应用】完成设置；执行【完成绘制】命令完成楼板创建。

图　3-151

完成后的一层楼板如图 3-152 所示，保存文件。

图　3-152

用同样的方法绘制二~四层的楼板，如图 3-153~图 3-155 所示。绘制过程中如弹出如图 3-156 所示对话框，单击【否】按钮。

图　3-153

图　3-154

图 3-155

完成后的模型如图 3-157 所示,保存文件。

图 3-156

图 3-157

3.18 绘制室内楼梯和栏杆扶手

3.18.1 绘制室内楼梯

单击楼层平面【F1】，进入 F1 平面视图，执行【建筑】→【参照平面】命令 ⬚ 参照 平面，执行【直线】绘制命令，绘制三条参照平面，并调整参照平面的临时尺寸进行精确定位，如图 3-158 所示。

图　3-158

执行【建筑】→【楼梯】命令，在下拉菜单中执行【楼梯（按草图）】命令，绘制室内楼梯，如图 3-159 所示。

在【属性】面板的类型选择器中选择【楼梯：LT_室内】，并设置实例参数【底部标高】为【F1】，【底部偏移】为"0.0"，【顶部标高】为【F2】，【顶部偏移】为"−150.0"，【宽度】为"1200.0"，【所需踢面数】为"18"，【实际踏板深度】为"280.0"，最后单击【应用】完成设置，如图 3-160 所示。

图　3-159

执行【梯段】→【直线】命令，以竖向参照平面和最下面一条参照平面作为起点开始绘制楼梯，当出现"创建了 10 个踢面，剩余 10 个"字样时，单击鼠标左键，水平向上移动光标；当移动到最上面一条参照平面时，单击鼠标左键向左绘制楼梯，直到踢面数剩余为 0 时绘制完成，单击鼠标左键完成绘制，如图 3-161 所示。

单击【完成编辑模式】按钮，完成一层楼梯创建，如图 3-162 所示。

查看三维视图，在【属性】面板中勾选【剖面框】，调整 ViewCube 为【右视图】，单击画面中的剖面框，调整剖面框的大小，调整视图到合适方向，看到所绘制的楼梯，如图 3-163 所示。

图　3-160

a)

b)

图　3-161

图   3-162

图   3-163

选择楼梯上靠墙一侧的楼梯扶手，并删除所选楼梯扶手，如图 **3-164** 所示。

图   3-164

选中绘制的楼梯和扶手，执行【粘贴到剪贴板】→【粘贴】命令，将楼梯和扶手复制到二层和三层，如图 3-165 所示。

图　3-165

绘制竖井洞口：打开 F1 平面视图，执行【建筑】→【竖井】命令，执行【创建竖井洞口草图】命令，执行【直线】命令，绘制竖井轮廓线，如图 3-166 所示。

图　3-166

在【属性】栏中，设置竖井的实例参数【底部限制条件】为【F1】，【底部偏移】为"60.0"，【顶部约束】为【直到标高：F4】，【顶部偏移】为"60.0"，最后单击【应用】完成设置，完成竖井洞口绘制，如图 3-167 所示。

图 3-167

车库楼梯绘制：打开 F1 平面视图，执行【建筑】→【楼板】命令，选择【矩形】绘制方式，绘制楼板轮廓，选择楼板类型为【楼板：LB_150_ 混凝土】，设置实例属性【标高】为【F1】,【自标高的高度偏移】为 "0.0"，如图 3-168 所示，完成楼板绘制。

图 3-168

执行【建筑】→【参照平面】命令，绘制参照平面，如图 3-169 所示。

执行【建筑】→【楼梯】命令，在下拉菜单中执行【楼梯（按草图）】命令，绘制室内楼梯，在类型选择器中选择【楼梯：LT_ 车库】，在【属性】栏中设置实例参数【底部标高】为【CD】,【底部偏移】为"150.0",【顶部标高】为【F1】,【顶部偏移】为"−150.0",【宽度】为"1040.0",【所需踢面数】为"3",【实际踏板深度】为"280.0",最后单击【应用】完成设置,如图 3-170 所示。

图　3-169

图　3-170

执行【梯段】→【直线】命令,以参照平面的交点作为起点开始向上绘制楼梯,当出现"创建了 5 个踢面,剩余 0 个"字样时,单击鼠标左键完成楼梯绘制,如图 3-171 所示。

图　3-171

执行【完成绘制】命令,完成楼梯的绘制,删除靠墙一侧的楼梯扶手,如图 3-172 所示。

图　3-172

3.18.2　绘制栏杆扶手

打开【F1】平面视图，找到绘制完成的车库楼梯，选择右侧楼梯扶手，在【修改栏杆扶手】选项卡中选择【编辑路径】，进入绘制路径模式，如图 3-173 所示。

图　3-173

执行【直线】命令，绘制如图 3-174 所示的直线，单击【完成】按钮 ✔，完成车库楼梯处栏杆扶手绘制，同时删除靠墙一侧的扶手。

图　3-174

打开【F4】平面视图，用同样的方法，编辑三层到四层楼梯处的栏杆扶手，绘制如图 3-175 所示的扶手路径，单击【完成】按钮 ✔ 完成命令。

图　3-175

执行【建筑】→【栏杆扶手】命令，使用【直线】绘制另一条栏杆扶手路径，在类型选择器中选择【栏杆扶手_900mm_室内】，如图 3-176 所示。

a)

图　3-176

b)

c)

图 3-176（续）

按上述步骤绘制二层走廊位置的栏杆扶手和三层幕墙位置的栏杆扶手，如图 3-177、图 3-178 所示。

a)

图 3-177

图　3-177（续）

图　3-178

3.19　绘制屋顶

3.19.1　绘制二层多坡屋顶

接上节练习，在【项目浏览器】中双击【楼层平面】项目下的【F2】，打开二层平面视图。单击【建筑】选项卡中的【屋顶】下拉菜单，执行【迹线屋顶】命令，进入绘制屋顶迹线草图模式。在【绘制】面板中执行【直线】命令，沿墙外边线绘制宽度为"800"

的迹线屋顶，相关参数设置如图 3-179 所示。

图　3-179

按住 <Ctrl> 键不放连续单击如图 3-180 所示 5 条迹线，在【属性】栏取消勾选【定义屋顶坡度】选项，取消这些边的坡度。

图　3-180

按住 <Ctrl> 键不放连续单击选择如图 3-181 所示 3 条迹线，在【属性】栏勾选【定义屋顶坡度】选项，同时修改实例参数【坡度】为"40.00°"。

图　3-181

执行【完成屋顶】命令创建二层多坡屋顶，如图 3-182 所示。

图　3-182

放置墙饰条：执行【建筑】→【墙】→【墙饰条】命令，在类型选择器中选择【墙饰条：檐口 _ 石料】，拾取二层多坡屋顶所在的三道墙，为三道墙添加墙饰条，如图 3-183所示。

图　3-183

3.19.2　绘制三层多坡屋顶

　　三层多坡屋顶的绘制方法同二层多坡屋顶。接上节练习，在【项目浏览器】中双击【楼层平面】项目下的【F3】。单击【建筑】选项卡中的【屋顶】下拉菜单，执行【迹线屋顶】命令，进入绘制屋顶迹线草图模式。在【绘制】面板中执行【直线】命令，沿墙外边线绘制宽度为"600"的迹线屋顶，【坡度】设为"30.00°"，如图3-184所示。

　　执行【完成屋顶】命令创建三层多坡屋顶，如图3-185所示。为屋顶所在的两道墙执行【墙饰条：檐口_石料】命令，如图3-186所示。

　　同理，绘制三层东侧的多坡屋顶，沿墙外边线绘制宽度为"600"的迹线屋顶，【坡度】设为"30.00°"，如图3-187所示。

图 3-184

图 3-185

图 3-186

图 3-187

为屋顶所在的三道墙执行【墙饰条：檐口 _ 石料】命令，如图 3-188 所示。

图 3-188

3.19.3 绘制四层多坡屋顶

四层多坡屋顶的绘制方法同二层多坡屋顶。

接上节练习，在【项目浏览器】中双击【楼层平面】项目下的【F4】。单击【建筑】选项卡中的【屋顶】下拉菜单，执行【迹线屋顶】命令，进入绘制屋顶迹线草图模式。在【绘制】面板中执行【直线】命令，绘制距 Ⓓ 轴 500mm，距 Ⓚ 轴 920mm，距①轴、③轴和⑤轴各 920mm 的参照平面，并绘制四层北侧坡屋顶。在【属性】面板中设置屋顶的【坡度】参数为"20.00°"。按住 <Ctrl> 键不放单击选择靠墙的两条迹线，在【属性】栏取消勾选【定义屋顶坡度】选项，取消这些边的坡度。完成后的屋顶迹线轮廓如图 3-189 所示。

图 3-189

执行【完成屋顶】命令创建四层北侧的多坡屋顶，弹出如图 3-190 所示对话框，单击【否】按钮。

图　3-190

选择刚刚绘制的屋顶下的墙体，执行【修改墙】→【附着顶部 / 底部】命令将墙顶部附着到屋顶下面，完成后的结果如图 3-191 所示。

图　3-191

3.19.4　绘制五层多坡屋顶

五层多坡屋顶的绘制方法同四层多坡屋顶，在【项目浏览器】中双击【楼层平面】项目下的【F4】。在【属性】面板的【范围】命令中选择【视图范围】，调整如图 3-192 所示数值。

图　3-192

执行【建筑】→【屋顶】→【迹线屋顶】命令，进入绘制屋顶迹线草图模式。

执行【绘制】→【直线】命令，绘制坡屋顶，如图 3-193 所示，在相应轴线处向外偏移 1100mm，绘制出屋顶的轮廓。

图　3-193

在【属性】面板中设置东西方向的屋顶坡度为 25°，南北方向的屋顶坡度为 30°，【自标高的底部偏移】设为 "1600.0"，如图 3-194 所示。单击【完成】按钮，弹出如图 3-190 所示的对话框，单击【是】按钮。同时，选择穿过屋顶的四根柱子，使其附着在屋顶上。

图　3-194

打开三维视图，执行【结构】→【梁】命令，勾选三维捕捉选项 ☑三维捕捉，在类型选择器中选择【屋顶沿：屋檐_板岩】，捕捉屋脊线创建屋檐，【Z 轴偏移值】设为

"170.0"，并执行【修改】选项卡中的【连接】命令 连接，连接屋檐和屋顶，完成后如图 3-195 所示。

图 3-195

3.19.5 绘制五层老虎窗

1）在【项目浏览器】中双击【楼层平面】项目下的【F4】，进入【F4】平面视图，绘制如图 3-196 所示的 7 条参照平面。

图 3-196

单击【建筑】选项卡中的【屋顶】下拉菜单，执行【拉伸屋顶】命令，弹出【工作平面】对话框，选择【拾取一个平面】，单击【确定】按钮。选择⑦轴为拾取对象，弹出【转到视图】对话框，选择【立面：东】，单击【打开视图】进入东立面，弹出【屋顶参照标高和偏移】对话框，选择默认值，单击【确定】按钮，如图 3-197 所示。

在标高【F4】上方绘制 2 道参照平面，分别距离【F4】标高 2800mm、3700mm，如图 3-198 所示。

图　3-197

图. 3-198

　　执行【绘制】面板中的【直线】命令，绘制如图 3-199 所示拉伸轮廓线，在类型选择器中选择【基本屋顶：WD_ 藏青色琉璃筒瓦 _140】，完成拉伸屋顶绘制。执行【镜像】命令对所绘制的拉伸屋顶进行镜像，如图 3-200 所示。

图　3-199

图　3-200

在【项目浏览器】中双击【楼层平面】项目下的【F4】，进入 F4 平面视图，调整拉伸屋顶右侧位置与⑦轴齐平，同时执行【连接 / 取消连接屋顶】命令连接拉伸屋顶和迹线屋顶。首先选择拉伸屋顶的要与迹线屋顶连接的边线，然后选择迹线屋顶要与拉伸屋顶连接的屋面，使其进行连接，如图 3-201 所示。

2）在【项目浏览器】中双击【楼层平面】项目下的【F4】，进入 F4 平面视图。单击【建筑】选项卡中的【墙】下拉菜单执行【建筑墙】命令，选择【基本墙：QZ_40_ 砖，普通，米黄色】，在【属性】面板设置实例参数【顶部约束】为【未连接】，【无连接高度】为"5000.0"；另设置【偏移量】为"–130.0"，沿拉伸屋顶边界绘制如图 3-202 所示墙体。

a)

图　3-201

b)

c)

图 3-201（续）

图 3-202

选择所绘制的墙体，执行【附着顶部 / 底部】命令，分别使墙体附着到顶部的拉伸屋顶与底部的迹线屋顶。按照上述步骤绘制另一个拉伸屋顶，完成后如图 3-203 所示。

图　3-203

3）在【项目浏览器】中双击【三维视图】项目下的【三维】，进入三维视图。在【属性】面板的【范围】中勾选【剖面框】，并调整剖面框的位置，如图 3-204 所示。

图　3-204

执行【建筑】选项卡【洞口】面板中的【老虎窗】命令，首先选择要被剪切的迹线屋顶，进入编辑草图模式，然后分别拾取拉伸屋顶和所绘制墙体的内边线，并进行修剪，形成闭合轮廓，单击【完成】按钮 ✔ ，系统自动剪切迹线屋顶，如图 3-205 所示。

另一老虎窗重复以上 3）操作，完成后取消【剖面框】的勾选，并为老虎窗加上一扇窗，为屋脊加上屋檐，如图 3-206 所示。

图 3-205

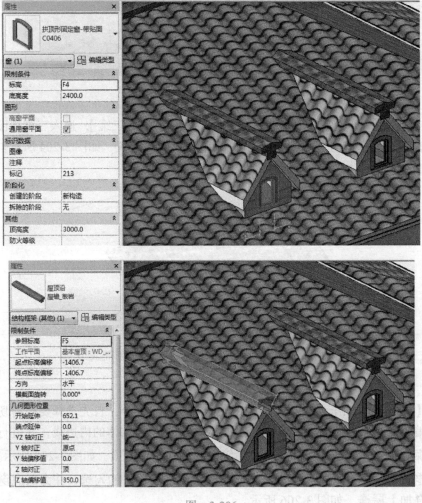

图 3-206

3.20　绘制柱和结构构件

1）在【项目浏览器】中双击【楼层平面】项目下的【F1】，打开 F1 平面视图。

2）执行【建筑】→【柱】→【建筑柱】命令，在类型选择器中选择【矩形柱：KZ_300×300_混凝土】，并调整其实例参数【底部标高】为【F1】，【底部偏移】为"10.0"，【顶部标高】为【F2】，【顶部偏移】为"–150.0"，在如图 3-207 所示位置单击放置建筑柱。

图　3-207

3.21　绘制场地、室外楼梯

3.21.1　创建场地

1）在【项目浏览器】中双击【楼层平面】项目下的【CD】，打开 CD 平面视图，执行【建筑】→【工作平面】→【参照平面】命令，绘制 4 道分别距离 Ⓐ 轴 25000mm、Ⓚ 轴 14000mm、① 轴 12000mm、⑧ 轴 14000mm 的参照平面，如图 3-208 所示。

2）执行【体量与场地】→【地形表面】命令，在参照平面的 4 个交点处放置点，【高程】设置为"–2500"，单击【完成】按钮 ✔ 完成地形表面的编辑，如图 3-209 所示。

3）执行【体量与场地】→【建筑地坪】命令，修改其实例参数【标高】为【F1】，【自标高的高度偏移】为"–900.0"，绘制如图 3-210 所示的轮廓线，单击【完成】按钮 ✔ 完成绘制。

图　3-208

图 3-209

图 3-210

4）执行【建筑】→【楼板】→【建筑楼板】命令，沿墙边线绘制 4 块回填土区域，如图 3-211~ 图 3-214 所示。

图　3-211

图　3-212

图　3-213

5）执行【建筑】→【墙】→【建筑墙】命令，在类型选择器中选择【基本墙：DTQ_200_混凝土砌块】，沿回填土边线为其绘制挡土墙，如图 3-215 所示。

6）执行【建筑】→【坡道】命令，绘制场地坡道，参数如图 3-216 所示。

图 3-214

图 3-215

图 3-216

5）切换上楼层平面视图，单击【建筑】选项卡→【墙】→选择"基本墙"
DTQ_200_混凝土砌块……

6）切换【属性】→【坡道】命令……

7）执行【体量和场地】→【子面域】命令，绘制场地道路，如图 3-217 所示。

图　3-217

8）执行【建筑】→【楼板】→【建筑楼板】命令，在类型选择器中选择【楼板：LB_150_ 混凝土】，绘制 2 道室外楼板，如图 3-218 和图 3-219 所示。

9）整体外观展示如图 3-220 所示。

图　3-218

图　3-219

图 3-220

3.21.2 创建室外楼梯

接上节练习，在【项目浏览器】中双击【楼层平面】项目下的【CD】，打开 CD 平面视图。

1）执行【建筑】→【楼梯】→【按草图】命令，进入绘制草图模式。

2）设置楼梯【属性】，选择楼梯类型为【楼梯：LT1_室外】，设置【底部标高】为【室外标高】，【顶部标高】为【F1】，【顶部偏移】为"60.0"，【宽度】为"1200.0"，【所需踢面数】为"14"，【实际踏板深度】为"250.0"，如图 3-221 所示。

图 3-221

3）在【绘制】面板执行【梯段】命令，选择【直线】绘图模式，在建筑外单击一点作为第一跑起点，垂直移动光标，直到创建了 14 个踢面，单击鼠标左键完成梯段绘制。创建完楼梯草图后单击【完成】按钮，同时删除楼梯的栏杆、扶手，如图 3-222 所示。

图   3-222

4）在【绘制】面板执行【梯段】命令，选择【直线】绘图模式，在建筑外单击一点作为第一跑起点，垂直移动光标，直到创建了 6 个踢面，单击鼠标左键完成梯段绘制；然后删除直线踢面，利用【绘制】面板执行【踢面】命令，使用【拾取线】工具拾取弧线，创建弧线踢面并复制另外的 5 条弧线，创建完楼梯草图，按 <Esc> 键结束绘制命令，如图 3-223 所示。

图   3-223

5）单击【完成】按钮，楼梯生成后删除栏杆、扶手，以待后续进行编辑，如图 3-224 所示。

图　3-224

绘制栏杆、扶手：

1）扶手类型：执行【建筑】→【楼梯坡道】→【栏杆扶手】→【绘制路径】命令，在类型选择器中选择【栏杆扶手：栏杆扶手 1_1100mm_ 室外】。

2）绘制栏杆、扶手：单击楼层平面【F1】，进入一层平面视图，绘制如图 3-225 所示栏杆、扶手线，因为栏杆、扶手线必须是一条单一且连接的草图，所以在绘制完成后使用【拾取新主体】工具，分别拾取室外楼板和楼梯，单击【确定】按钮完成绘制。

图　3-225

3）重复上述操作，选择【栏杆扶手：栏杆扶手 3_1100mm_ 室外】绘制如图 3-226 所示栏杆、扶手，在绘制完成后使用【拾取新主体】工具，拾取室外楼板，单击【确定】按钮完成绘制。

图 3-226

4）重复 2）、3）操作，绘制如图 3-227 所示栏杆、扶手。绘制时在绘制到楼梯最后一个台阶边界的时候单击鼠标左键，然后再向右绘制 675mm 的距离，使用的栏杆、扶手类型为【栏杆扶手：栏杆扶手 2_1100mm_室外】，单击【完成】按钮 ✔ 完成楼梯绘制。

图 3-227

以上述同样操作绘制如图 3-228 所示栏杆、扶手，使用的栏杆、扶手类型为【栏杆扶手：栏杆扶手 4_1100mm_室外】，完成楼梯扶手绘制。

图 3-228

5）绘制完成的室外栏杆、扶手如图 3-229 所示。

图 3-229

3.22 绘制散水、车库坡道及室外构件

3.22.1 绘制室外散水

散水的创建

1）接上节练习，在【项目浏览器】中双击【楼层平面】项目下的【CD】，打开 CD 平面视图。

2）执行【建筑】→【楼板】命令，进入绘制草图模式，在类型选择器里选择【楼板：SS_150_ 水泥砂浆】，绘制室外散水，沿墙边宽度设为"800"，如图 3-230 所示。

图 3-230

3）单击【完成】按钮 ✔，执行【修改子图元】命令，配合 <Ctrl> 键选择如图 3-231 所示外边线的点，修改【立面】为"-150"，内边线的点【立面】不变。

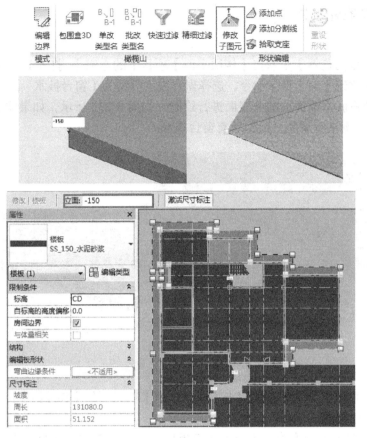

图　3-231

3.22.2　绘制车库坡道

1）在【项目浏览器】中双击【楼层平面】项目下的【CD】，打开 CD 平面视图。

2）执行【建筑】→【坡道】命令，坡道类型设为【坡道：PD_水泥砂浆】，绘制如图 3-232 所示车库坡道，并更改坡道处饰面墙的【底部偏移】为"-150.0"。

图　3-232

3.22.3 绘制室外构件

1. 窗台披水

1）在【项目浏览器】中双击【楼层平面】项目下的【F1】，打开 F1 平面视图。

2）执行【建筑】→【窗】命令，选择窗台披水类型为【窗台披水 - 石：窗台披水 _50_ 板岩】，捕捉窗户底部饰面墙的上表面进行绘制，如图 3-233 所示，如果披水对外的方向不对，按 < 空格 > 键进行调整。绘制所有窗台披水。

图 3-233

2. 雨篷

1）在【项目浏览器】中分别双击【楼层平面】项目下的【F1】【F2】【F3】，分别打开 F1、F2、F3 平面视图。

2）执行【建筑】→【楼板】→【建筑楼板】命令，在类型选择器中选择【楼板：雨篷 _150_ 混凝土】，分别绘制如图 3-234~ 图 3-236 所示雨篷。

图 3-234

3）执行【建筑】→【楼板】→【楼板边】命令，在类型选择器中选择【楼板：雨篷 _ 石料】，拾取刚刚绘制的雨篷边缘并单击，添加楼板边缘，如图 3-237 所示。

图　3-235

图　3-236

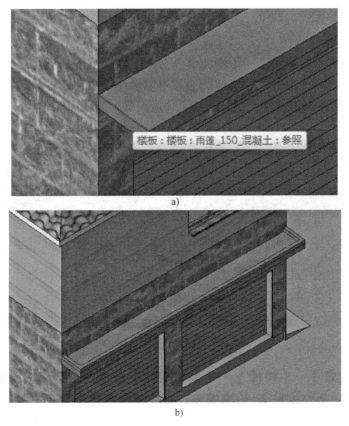

a)

b)

图　3-237

3. 台阶

执行【建筑】→【楼板】→【建筑楼板】命令，在类型选择器中选择【楼板：TJ_150_混凝土砌块】，绘制 F3 平面视图室外台阶，如图 3-238 所示。

图　3-238

4. 墙饰条

1）执行【建筑】→【墙】→【墙饰条】命令，在类型选择器中选择【墙饰条：墙饰条_石膏墙板_白色】，围绕二层墙体的边线拾取墙体，绘制墙饰条。在墙体断开处执行【打断】命令，然后拖曳边线端点使其移动至合适位置，如图 3-239 所示。

图　3-239

2）执行【建筑】→【构件】→【放置构件】命令，在类型选择器中选择【墙装饰：墙饰_雕花_灰色涂料】，拾取墙体，将墙装饰构件添加在幕墙位置，如图 3-240 所示。

图　3-240

阶段化模型展示如图 3-241 所示。

图　3-241

3.23　绘制玻璃轻钢雨篷

1）在【项目浏览器】中双击【楼层平面】项目下的【F3】，打开 F3 平面视图。

2）执行【建筑】→【屋顶】→【迹线屋顶】命令，选择屋顶类型为【玻璃斜窗】，取消屋顶坡度，绘制平屋顶如图 3-242 所示。

3）打开三维视图，执行【建筑】→【构件】→【内建模型】命令，在弹出的【族类别和族参数】对话框中选择【屋顶】，在【名称】对话框中输入【玻璃雨篷】，单击【确定】按钮，进入族编辑器模式，如图 3-243 所示。

图 3-242

a)

b)

图 3-243

4）执行【创建】→【放样】命令，单击【设置】，在弹出的对话框中选择【拾取一个平面】，光标靠近玻璃斜窗底面，当高亮显示时单击鼠标左键，如图 3-244 所示。

图　3-244

5）单击【拾取路径】，一次性单击选择玻璃斜窗的三条下边线，拾取如图 3-245 所示路径，然后单击【完成】按钮 ✔ 。

图　3-245

6）单击【项目浏览器】中的【东】立面进入东立面视图，执行【编辑轮廓】命令绘制如图 3-246 所示工字钢轮廓，绘制完成后执行【完成轮廓】命令。

图　3-246

7）执行【完成放样】命令，放样创建的工字钢梁如图 3-247 所示。

8）执行【创建】→【拉伸】命令，单击【设置】命令，在弹出的【工作平面】对话框中选择【拾取一个平面】，在 F3 平面视图中单击拾取⑦轴，在弹出的【转到视图】对话框中选择【立面：东】（图 3-248），单击【打开视图】按钮切换至东立面视图。

图　3-247

图　3-248

9）在东立面视图执行【直线】命令，绘制如图 3-246 所示的工字钢，单击【完成拉伸】创建一根工字钢，并调整工字钢的位置、大小，对工字钢进行拉伸，如图 3-249所示。

10）选择绘制的工字钢，执行【阵列】命令，如图 3-250 所示，设置【项目数】为"3"，选择【第二个】，光标选中工字钢的中点，向右移动光标输入间距"750"，单击鼠标左键完成阵列，如图 3-251 所示。

图　3-249

图　3-250

图　3-251

3.24 场地布置

　　1）在【项目浏览器】中双击【楼层平面】项目下的【CD】，打开 CD 平面视图。

　　2）执行【建筑】→【栏杆扶手】命令，选择栏杆类型为【栏杆扶手：栏杆扶手 -1000mm- 场地】，如图 3-252、图 3-253 所示。因需要布置游泳池，所以更改建筑地坪的边界为图 3-254 所示，并在更改完成后为其填充一道楼板，楼板类型为【楼板：水池 _ 水】。

图　3-252

图　3-253

图　3-254

3) 执行【建筑】→【柱】→【建筑柱】命令与【结构】→【梁】命令, 在类型选择器中分别选择【矩形柱: 廊架】和【木材: 廊架】, 参数如图3-255所示, 绘制如图3-256所示廊架。

4) 执行【建筑】→【构件】→【放置构件】命令, 设置树的类型为【白杨3D】, 草的类型为【草3D】, 喷水池的类型为【喷水池】。具体标高以及位置等参数因数量过多, 可自行定义, 图3-257为布置完成后的模型, 供参考。

图　3-255

图　3-256

图　3-257

3.25　建筑出图

3.25.1　平面出图

1）在【项目浏览器】中单击【楼层平面】项目下的【F1】，单击鼠标右键进行复制，选择带细节的复制，并重命名为"一层平面图出图"。打开一层平面图出图平面视图，把【视觉样式】改为【隐藏线】，【详细程度】改为【中等】。

2）隐藏不属于一层平面图的构件，在【属性】面板中单击【可见性 /

创建图纸

图形替换】后的【编辑】按钮，进入可见性编辑模式，如图 3-258 所示。

图　3-258

取消【植物】一栏的勾选，并执行【修改】→【视图】→【隐藏图元】命令，对场地坡道、栏杆、扶手、泳池水、廊架柱、窗台披水等可见部分进行隐藏，如图 3-259 所示。

图　3-259

3）选中轴线，单击【编辑类型】，更改轴线样式，如图 3-260 所示。

a)

b)

图　3-260

4）更改门窗、楼板在平面中的显示颜色，编辑可见性设置，如图 3-261~图 3-263 所示。

图 3-261

图 3-262

图　3-263

5）更改标注样式，执行【注释】→【对齐】命令，使用标注样式为【线性尺寸标注样式：对角线 -3mm RomanD】，为门窗、轴线进行标记；同时，使用【注释】→【全部标记】命令对门窗进行名称编辑。柱子做填充处理，如图 3-264 所示。最终效果如图 3-265所示。

其余平面出图与一层平面图出图方法相同。

尺寸标注

图　3-264

3.25.2　立面出图

1）立面出图与平面出图方法大致相同，不同在于建筑立面图主要用来表达建筑外立面的外形、构造及做法，应注出外墙各主要部位的标高，如室外地面、台阶、窗台、门窗顶、阳台、雨篷、檐口、屋顶等处完成面的标高。立面图上一般可不注高度方向尺寸。对于外墙留洞除注出标高外，还应注出其大小尺寸及定位尺寸。立面图应注出建筑物两端或分段的轴线及编号。

2）利用视图样板，在平面图中所做的更改可以快速地体现在目标视图上。

3）单击一层平面图出图平面视图文件，单击鼠标右键选择【通过视图创建视图样板】（图3-266），更改名称为"出图样板"并单击【确定】按钮。然后单击南立面图，单击鼠标右键选择【应用视图样板】，选择刚刚创建的样板，单击【应用属性】按钮，材质标注执行【注释】→【材质标记】命令。

图　3-265

4）完成效果如图 3-267 所示。

其余立面出图与南立面出图相同。

3.25.3　剖面出图

（1）进行剖面出图时应用视图样板把不需要出现的东西全部剔除掉。

（2）剖面出图主要表示以下三个方面内容：

1）表示墙、柱及其定位轴线。

图 3-266

图 3-267

2）表示室内底层地面、地坑、地沟、各层楼面、天花板、屋顶（包括檐口、女儿墙、隔热层或保温层、天窗、烟囱、水池等）、门、窗、楼梯、阳台、雨篷、预留洞、墙裙、踢脚板、防潮层、室外地面、散水、排水沟及其他装饰等剖切到或能见到的内容。

3）标出各部位完成面的标高和高度方向尺寸，尤其要注意材质的填充以及墙和板的位置。

（3）完成效果如图 3-268 所示。

图 3-268